JCA 研究ブックレット　No.30

JN081196

農村における農的な暮らし再出発

「農活」集団の形成とその役割

小林 みずき◇著
図司 直也◇監修

I　農村住民に「農活」が必要な理由

1　農村における「農的な暮らし」の見えない壁

近年、「農的な暮らし」が注目を集めています(注1)。読者の皆さんは「農的な暮らし」と聞いて、どのような生活を思い浮かべますか?――朝は畑作業で汗を流し、収穫したばかりの野菜を使った昼食を済ませ、ハンモックで昼寝をしてから、午後は近所の親しい友人と手作りのお菓子やお茶うけを持ち寄り、楽しいおしゃべりをする――

東京で生まれ育った筆者にとっては、これがまさしく〝憧れの田舎暮らし〟であり、「農的な暮らし」のイメージでした。南信州へ越してきて住むことになった家屋は、南アルプスの山並みが望める畑付きの一軒家で、縁側やお勝手口、広い軒下、畑の脇には柿や梅の木……まさに田舎暮らしを始めるには申し分ない環境に心躍る思いでした。初めて春を迎えた頃、畑には野菜を、プランターにはハーブを植え、庭の柿や梅を収穫しては干し柿や梅漬け、野菜を使って漬物の加工にと果敢に挑戦しました。

さて、筆者の理想の暮らしもスタートするところまでは順調でしたが、その後、畑は草だらけ、茂みのように葉が生い茂り見る影もないトマト、食べきれずに花が咲くまで放置された葉物や根菜、出番もなく枯れていったハーブ……日々の忙しさを理由に手が回らなくなった畑はあえなく断念し、真っ黒になってしまった干し柿、漬かりきらなかった野沢菜漬けとは別れを告げました。それでも2年ほどあがいてみましたが、筆者の思い描いた暮らしは幻と化したのです。

この一連の苦い体験を経て、「田舎暮らし」や「農的な暮らし」と呼ばれるライフスタイルの理想と現実を痛感しました。農村に身を置いたからかといって、そうした生活が提供されるわけではないことは考えてみれば当然です。しかし、その一方で、農村地域に住むようになり、もう一つ気づいたことがあります。それは、農的な暮らしを送りたくても送れない農村居住者は筆者のような移住者だけではないということです。周囲に目を向けますと、畑があっても持て余している知人がいますし、他方で、野菜づくり用の畑を探していても借りられずにいるという話しを聞きます。こうした様子を踏まえると、「農的な暮らし」のハードルの高さは畑を持たない都市住民と大差なく、むしろ環境として田畑に囲まれている分、ぎこちなさや不自由さが際立って見えます。

次節で説明する通り、「農的な暮らし」像は都市化された生活および職場環境から開放されることを目的として、農村での滞在の延長線上に形成されてきました。つまり、都市住民の人々の関心やニーズを起点として、「農的な暮らし」のあり方が議論、検討されてきたのです。これに対して、農村地域における農村住民の農的な暮らしというのは、あまり触れられる機会はなかったと言えます。多くの農村地域には田園風景が広がっているため、「農村住民は農村らしい生活を送っている」という幻想が少なからず抱かれてきたのでしょう。

統計データに注目すると、農業を営み、農村の景観を維持してきた農家の数は、近年、全国的に著しく減少しています。2015年の農林業センサス農山村地域調査によれば、1農業集落当たりの全国平均戸数は総農家戸数200・7戸、農家数15・1戸、非農家数185・6戸と、非農家が92・5%を占めます。このように、農業が営まれている集落においてさえ、農家世帯の数は非農家世帯の数を大幅に下回っています。農家が減少し、他産業に従事する住民が増えるなか、農村に住んでいても農と接点を持たない住民が増えているのです。

（注1）例えば、榊田みどり『農的暮らしをはじめる本』農山漁村文化協会、2022年は都市住民が農に触れる方法を紹介しています。

このことは農村地域において、深刻な問題を引き起こしています。例えば、農地とそれを維持するための道路や水路、ため池をはじめ、地域資源の管理の担い手不足が発生していたり、農業を知らないがゆえ、農薬の散布や耕運による埃、草刈り時の生活騒音へ過度なクレームが生じてしまったり、農家と非農家の混住化とともに深刻な問題に進展しています。住民が地域の農業や農村地域の特性とともにその営みの必要性を理解するには、「農」と接する機会が必要なのです。

既存農家の離農傾向が問題となるなか、規模拡大が見込まれる個別農家や、農地の受け手となる集落営農組織への農地集積が進められてきました。親世代が農地の売却や貸与を一度してしまえば、農家の子息であろうとも、自らが農業にかかわることが難しくなっています。こうした対策の一つとして、「農村部に在住する非農家向け」の市民農園が出現するなど、「非農家が『農』に関与」する場が整備されつつあります(注2)。

また近年では、新型コロナウイルス感染症の蔓延や世界情勢の混乱などの影響から、グローバル化の負の側面を肌身で感じることが多くなっています。特に、食品価格の高騰や大手外食チェーンでの一部商品の販売中止といった出来事は、改めて私たち日本人が食の多くを輸入に依存している現実を提示しています。こうした状況を前に、危機感を高めている人や、疑念を抱く人も少なくないでしょう。

我が国の食料自給率はカロリーベースで37%(2021年)、目標とする45%に近づく気配はありません。さらに農産物の場合には、その生産に必要な種子や苗、肥料や農薬、資材に燃料、家畜の飼料など、海外依存は多岐に渡ります。こうした現実を前に、私たちは改めて「自給」することの意義を問われています。企業では食品製造業や外食産業における国産原料使用率の向上を、地域では学校給食や農産物直売所を軸とした地産地消の推進を、そして一般家庭においても自らの食料を少しでも自給しようという思いから、貸農園やベランダ、室内での野菜栽培や堆肥づくりを進める人たちがいます。これら自給運動の機運も農的な暮らしを後押しする要因となっており、遊休荒廃地の問題を抱える農村地域では農地対策としても、自給的な生産活動が重要性を高めています。

このように、農村において農業という産業を継続するとともに、農地の保全や居住環境を維持していくうえで、農村住民が農とかかわることや、農家が農家であり続けることは大きな課題となっているのです。しかしながら、こうした状況にもかかわらず、農村住民が農とどのようにかかわっているのか、あるいはかかわっていないのか？という実態は、十分に把握されていません。この問題は現代の農村社会が都市的な性格を有するがゆえに生じています。その理由として、生活環境が整備され、都市化が進んだことや核家族化が進んだことなどが挙げられます。このような変化に伴い、従来のような〝農村らしい〟生活を送るのは容易でなくなっていると想定されます。近隣住民とのかかわりかたや家族同士の関係が大きく変容しつつある今、暮らしの捉え方も家族を単位としたものではなく、個人に焦点を当てて、議論していく必要があると筆者は考えます。

2　「農的な暮らし」論の展開

ここで、これまで「農的な暮らし」がどのように議論されてきたのか、その経緯について確認します。端的に示せば、「農的な暮らし」あるいは「農ある暮らし」に関する議論は都市住民から農村への需要が起点となっています。具体的には植物や自然、情景や空間、そしてそれらが有するイメージや雰囲気といったものが求められてきたといえます。都市化とともに農を失った地域の住民が生活を見直し、ライフスタイルやライフサイクルへ「農」を取り込もうという動きに伴って、農的な暮らしが論じられるようになったのです。

（注２）内川義行「農村地域に在住する非農家向け市民農園の現状と今後の展望」水土の知、２０１６年、84巻11号、27～30頁を参照。

それは都市住民の「田舎暮らし」のニーズと重なります。1980年代にはバブル経済下で農山漁村におけるリゾート開発が進み、全国各地にはリゾートマンションや別荘村が建設されました。当時は都市住民による休暇を目的とした一時滞在が主流でしたが、農村内に居住するニーズが増えていきます。これを象徴するのが、雑誌『田舎暮らしの本』(宝島社)の創刊です(1987年)。

その一方で、1990年代には開発による自然破壊や生態系の変化が危惧されるようになり、大量生産・大量消費を進める農業生産が一部で疑問視されるようになります。これを背景として、方法論的な自給生活、農的暮らしが議論されていきます。その代表が「パーマカルチャー」です。国内では1993年に『パーマカルチャー——農的暮らしの永久デザイン』(ビル・モリソン著)が出版されました。「パーマカルチャーはパーマネント(permanent永久の)とアグリカルチャー(agriculture 農業)をつづめたものであるが、同時にパーマネントとカルチャー(文化)の縮約形でもある」と記されています(1993年、ビル・モリソン)。ビル氏は1970年代はパーマカルチャーを「いろいろな植物や動物を人間生活に寄与するように組み合わせていくことだと理解していたし、だいたいは家庭的自給と地域社会の自立を狙ったものと考えていた」とあります。しかし、その後の議論では食料自給の観点を超えて、「人間生活全体を含むシステムになってきた」と記しています。

2000年代に入ると、ライフスタイルという観点から農的な暮らしに関心が高まります。これはワークライフバランス論的なアプローチと捉えることができます。個人の居住地や職業選択の幅の広がりとともにライフスタイルも多様化し、自給的な生活が注目を集めるようになったのです。その代表である、「半農半X」に関する議論を紹介します。1995年頃より半農半Xを提唱してきたという塩見直紀氏は著書『半農半Xという生き方』(ソニーマガジンズ)を2003年に出版しました。「半農半X」とは、「持続可能な農ある小さな暮らしをしつつ、天の才(個性や能力、特技）を社会のために活かし、天職（＝X）を行う生き方、暮らし方」とあります（注3）。ここでの「半農の『農』とは、持続可能な健康的な生活であり、消費欲望を楽しく抑えられる小さな暮らし」と表現されています。関連するキーワードとして、「自給」「家族のための農」「手仕事」「健康的」「持続可能な小さな農」を挙げていますが、同時に「場所は問わない」点を強調しています。捉え方によっては農村地域から切り離されたかたちでの「農」のある暮らしが言説化されたと言えます。

その後のさらなる農への関心の高まりにより、2000年代半ばからは、「農ある暮らし」が都市計画や都市農業とともに、まちづくりの観点から論じられるようになります。都市計画化論的なアプローチです。山本雅之氏はその著書において「都市間競争に勝ち残る魅力的なまちづくりを進めるうえで、カギを握るのが『農ある暮らし』である」とし、「都市部から農村部に至るまで、それぞれの地域の特性に合った形で『農ある暮らし』を組み込んでいくことによって、市町村全体の魅力を高めること」を提唱しています（注4）。これに加えて、移住者にも注目し、「農村定住を進めるにあたっては新旧住民の出会いからコミュニティ形成に至るまで、時間をかけて相互理解を深めていくシナリオ」を描くための重要なキーワードとして「農ある暮らし」を挙げています。

さらに2010年代に入ると、都市から農村への移住・定住の機運がより高まります。2000年代から動きを見せてきた、新規就農、半農半X、クラインガルテン、週末移住など、新たな農業とのかかわり方や、農村とのむすびつきが徐々に定着を進め、広い層から関心が寄せられていきます。「田園回帰」とも呼ばれるこうしたムーブメントに伴って、都市における「農的な暮らし」へのニーズも高まり、体験農場や貸農園というかたちで都市農業の

（注3）塩見直紀『半農半Xの種を播く―やりたい仕事も、農ある暮らしも―』コモンズ、2007年から引用。
（注4）山本雅之『農ある暮らしで地域再生――アグリ・ルネッサンス』学芸出版社、2005年を参照。

役割も見直されてきたのです（注5）。

移住者と農地の遊休荒廃地対策と呼応した議論は、地域政策論的なアプローチとしてみることができます。筒井一伸氏は、農業・農村政策との関係から、移住者の「農的な暮らし」の推進に注目し、2009年の農地法の改正に伴い、各市町村農業委員が地域の実情に応じて農地取得の際、下限面積を引き下げることが可能になったことを取り上げています（注6）。その中で、実際に「1244の市町村」が引き下げを行ったことを踏まえ、「農業政策のみでは切り捨てられる小規模農地を、農業「生産」ではなく農的な暮らしという田園回帰の一つの潮流に重ね合わせることで隘路を抜け出そうとする発想そのものが、現場における農村政策の一つのあり様を示している」と指摘しています。

このように「農的な暮らし」に関する内容は、もっぱら都市住民を対象とするテーマであり、農村地域に住む人々の生活を対象としてきませんでした。しかし、都市から農村へ人口が流入する傾向のもとで、農村と接続されるようになったのです。

念のため触れておきますが、農村地域における生活や農家の暮らしが議論されてこなかったわけではありません。戦後の農村では、当時の農林省の生活改善課のもと、当時、農村の大多数を占めていた農家の生活改善が推進されてきました。かまど改善をはじめとした生活環境の整備など衣・食・住にとどまらず、農家の家計および経営の改善、女性の地位向上など、当時の農村が抱えていた課題は多岐に渡りました。こうした改善すべき対象として「農家生活」は長きにわたって議論されてきました。特に、農業経営を主要な収入源としながら生活する農家において、自給や生活における工夫は不可欠であり、そうした視点から暮らし方が注目されてきました。2009年『農村文化運動』の特集「都市が〈村の暮らし〉に学ぶ時代――世界経済危機と『ローカリゼーション』への転換」では農家の視点から、「自給論は資材論であり、経営論でもあり、農家の生活論・生き方論でもあり、それらを統一した『農法論』でもあった」と述べられています(注7)。農家における暮らしの工夫は多角的な面から捉えることができ、そこでの知見が生活の知恵として有効であることが示されています。

さらに、農村での生活を重視した議論は「小農」という概念を通じ、論じられてきました。農業の規模拡大が推進されるなかで、小規模な農家が農業と農村を支える存在として再評価されてきたのです。小農とは、(農業で)「儲けることを第一義とせず、自分または家族の暮らしを成立させ、継続していくという目的で存在している人」と䨇理恵子氏は定義しています(注8)。小農という言葉は、農産物を販売するか否かにかかわらず、自らの暮らしのために農を営む人々の実態を捉えてきました。

ただし、これらの農業・農村からみた生活論はあくまでも、農家や農業を営む人々を中心とした議論です。小農論では農村における農家の生活に関する議論を深めてきたものの、農村に居住する住民、すなわち農家ではない一般的な居住者については、ほとんど論じられてきませんでした。現在の農村地域とそこでの暮らしに目を向けますと、加速する少子化・高齢化、人口減少のもとで、地域生活を維持していくことが困難な地域も少なくありません。離

(注5)例えば、農林水産省では「『農』のある暮らしづくり交付金」を平成25年に創設するなど、住民が農にかかわる機会を増やす取り組みを進めてきました。(https://www.soumu.go.jp/main_content/000362997.pdf 最終閲覧日2022年3月29日)
(注6)筒井一伸「農村政策と食農政策を結ぶ――市町村・地域コミュニティの視点から」『農業と経済』2021年夏号、87〜96頁を参照。
(注7)「農家の『自給論』とローカリゼーション(編集部のあとがき)」『農村文化運動』192号、2009年
(注8)䨇理恵子「複合して生きる暮らし―現代における小農の社会的特質―」『小農の復権』、農山漁村文化協会、2019年、90頁から引用。

農傾向が加速し、非農家が増加するなか、農村住民の暮らし全般に視野を広げ、今後の農村での生活や社会関係について検討していく必要があると筆者は考えます。非農家や離農してしまった人々も地域の「農」の営みに参加しないことには、農村という生活空間を保つことができなくなってしまうからです。筒井一伸氏は移住推進と農地対策の観点から「農業という『生産機能』からみた農村ではなく、生活の場からみた農村、そこから農地、そして農業に結び付けていくのかという方向性」を取り上げています(注9)。こうした方向性は移住者支援にとどまらず、農村住民の生活支援の観点からも必要とされているのではないでしょうか。

3　農業・農村とともに変容する住民の生活

そこで、現在の農業および農村に目を向けることで、農村住民の農的な暮らしが必要とされているのかを確認します。本書が注目する農村住民の「農的な暮らし」の実態は従来の農村生活からの変容であり、そのことから現在の農村が抱えている課題を捉えることができるからです。

まず、農業の変化を農家という枠組みで示します。農を仕事すなわち生業（なりわい）とし、生計を立ててきたのが農家(注10)です。従来の農家では仕事と生活を兼ねて農業を営んできました。その一方で、現代の農村に居住する人々にとっての「農」は、仕事の側面と生活の側面とで、大きく切り離されつつあります。これには様々な要因がありますが、ここでは政策の展開に触れながら簡潔に説明します。

国では食料生産機能を支える産業としての農業の強化に傾注してきました。専業農家や兼業農家と呼ばれる販売農家では、農業により収入を得て、つまり仕事として、食料生産機能を担ってきました。しかし、近年、農家が減少する中で、企業的な農業経営体の育成が産業政策として進められてきたのです。

他方で、農村の生活機能や多面的な機能は、地域政策という枠組みで支援が進められてきました。大規模な農業経営体だけでは農村地帯を維持していく役割は十分ではありません。生活の一部として農を営む自給的農家をはじめ、小規模零細な農家の存在があって、地域社会と生活が支えられてきたのです。

しかしながらこの二つの間には大きな問題点があります。従来は農家という家（世帯）を単位として、農業が営まれ、農業に関する知識や技術は家族を通して、世代間で継承されてきました。しかし、昨今では「小規模な家族経営を中心に家としての農業経営の継承が行われなくなってきている」ことが指摘されています（注11）。「小規模な家族経営」の大半は自給的な農家として捉えることができ、仕事としての農業だけでなく、生活としての農業もまた農村から消えつつあることを意味します。いずれにせよ今後は家族間での農業の継承は困難になっていくでしょう。

この問題に対して、前者の仕事としての農業については、家族関係に依存しない就農形態が整備されてきました。つまり、個人が仕事として農業にかかわろうとする場合には、起業型の新規就農や被雇用型の農業従事者という選択肢が用意されているのです。

他方で、後者の生活の一部として農業を始めようとする人々に対しては市民農園や農業体験などといった選択肢が少しずつ整備されてきています。しかし、こうした場に通うことはできたとしても、住民が実際の家庭生活にお

（注9）注5に同じ。
（注10）農林業の統計を行う農林業センサスでは「農家」は、「一定の面積規模（10アール）以上の農地を耕作する世帯または農産物の販売金額が一定金額（15万円以上）ある世帯」と定義される。
（注11）橋詰登「農業・農村担い手の多様性と小規模農家の役割—農業集落に視点を当てた二〇一五年農業センサスの分析から—」、小農の復権、農山漁村文化協会、２０１９年、85頁から引用。

いて農の営みを再開するかどうかは別の問題です。家族に委ねられてきた継承の機能に代わって、住民個人が農とかかわり、自らの実生活において農的な暮らしを開始するための新しい仕組みが必要とされていると筆者は考えます。

4 住民たちの「農活」に必要な視点

以上の問題を踏まえて、本書では生活環境として大きく変容した農村社会において、農を営もうとする人々が家族に頼らず、個人として農や食の技術や知識を習得しようとする取り組みを「農活」として定義することにしました(注12)。広い意味で、「農活」を捉えようとすれば、仕事として農業を開始する場合と、生活の一部として開始する場合を含みます。ただし、本書での問題意識は農村住民の生活にあります。そのため、生活の中で農を営むことを目指す「農活」に焦点を当て、事例を紹介し、議論していきます。

農活する住民の実態から、農村に居住する人々と農の関係を明らかにするとともに、農村住民が農を取り戻すための対策について検討していくことを本書の目的とします。

農の営み方を知らない農村住民が増加するなかで、野菜の栽培や、加工品づくりといった自給的な活動を行いたいという共通する思いを持った人々が集まって学び合う場の重要性が近年さらに高まっています。そのため、農活を支える新たな集合体を「農活集団」とし、新たに誕生しつつある集合体がコミュニティ性を獲得する様子を捉えることも本書の目的の一つです。

事例を通して農をテーマとした新たな住民組織が形成されるとともに、共同作業をきっかけに、個々の住民が生活における農の営みを再開させ、充実させていく姿がみられます。住民個人を軸とした農活は、家族や世帯の閉塞感を超え、地域社会の人々と交流することによって、地域への帰属意識や地域愛、そして地域の農業や農家の存在を尊重する意識を育む様子を捉えることができます。

5　調査地および事例の紹介

これから三つの事例を紹介します。事例では農の営みとして、農産物の生産と、農産物の加工に注目します。農産物の生産については、慣行農法（Ⅱ）と有機農法（Ⅲ）の二つを取り上げます。両者は地域的な違いにもよりますが、関わる住民には世代の違いがみられます。

これらに続いて、農産加工の活動から、農的な営みの「食」の側面に注目します（Ⅳ）。その理由は、農業に直接かかわりのない住民でも比較的参加しやすい活動であるからです。多様な人々の農的な暮らしの様子を明らかにするために選定しました。

以上の三事例から、参加する人々の特性として農家と非農家の区別に留意しながらも、農村住民という広い枠組みで、農村における人々と「農」とのかかわりを明らかにします。事例を通して見えてくるのは、農活の仕組みによって支えられている現代の新しい農村生活＝農的な暮らしの姿です。

Ⅴでは、農的な暮らしを支える農活集団の特徴を整理するとともに、それらがなぜ必要とされているのかを、農村住民と農の関係から考察します。最後に、農村住民の暮らしの視点から農業・農村の振興策について検討してい

（注12）既に調査地である長野県では「農活」という言葉を用いて、長野県において農業を開始する支援を進めています。その中には「農ある暮らし」として、「家庭菜園」「小さな自給農」「半農半X」など個人の希望に即したかたちでの「〝農〟を取り入れた生活」を提案し、推進しています。詳細については長野県農政部農村振興課担い手育成係「デジタル農活信州」https://www.noukatsu-nagano.net（最終閲覧日：２０２２年３月29日）を参照。

きます。

調査地である長野県は、中山間地域を広く抱え、農家数のうち特に販売農家が減少傾向にあります。耕作放棄地の対策が急務となっており、新規就農者への支援だけでなく、農村住民が農とかかわる機会を創出する取り組みが進められてきました。具体的に示すと、県農政部農村振興課は２０１６年より県の事業として「農ある暮らし」の講座をはじめ、「長野県農ある暮らし相談センター」を設置しています。農ある暮らし相談センターの目的は「自然豊かな信州で『農ある暮らし』をサポートする」ことにあり、「農業や家庭菜園を始めたい方、農業体験をしてみたい方」などの幅広い相談を受け付けています。さらにインターネット上に「デジタル信州農活」サイトを開設するなど、県外の人の就農とともに県民が農にかかわるきっかけ作りを推進すべく、積極的に事業を展開しています。

県の人口総数は２０４万８０１１人、世帯数は83万２０９７世帯（２０２０年国勢調査）、総農家数は８万９７８６戸でその数は全国1位ですが（２０２０年農林業センサス）、世帯数のうち農家の割合は約1割にとどまっています。農家の内訳では販売農家数４万０５１０戸を自給的農家４万９２７６戸が上回り、自給的農家の割合が54・９％を占めています。

農産加工に関しては、寒冷な気候を生かした伝統的な食品製造業がある一方で、各世帯では農産物の長期保存などを目的とした自給的な農産加工が営まれてきました。全国的にみても農産加工が盛んな県の一つです。おやきや蕎麦、干し柿といった代表的な伝統食のみならず、日常的に食される漬物や味噌など幅広い食品がみられます。１９８０年代以降の農業・農村政策に伴って、各市町村には加工施設とともに大型機械が導入され、農家を中心とした共同利用が進められてきました。会員の高齢化や施設の老朽化を理由に活動を中止するケースもありますが、販売を行う事業者も多くあり、農産加工の事業体数は２６３０（２０１７年時点）で全国1位となっています。

事例では県の中信に位置する安曇野市と、南信に位置する伊那市を取り上げます。両者はどちらも広域合併により誕生しており、稲作を基幹作物とする兼業地帯で多品目産地となっています。安曇野市の人口は9万4222人、総農家数は4553戸で販売農家の割合は54・4％、伊那市の人口は6万6125人、農家数は3695戸で販売農家の割合は30・0％です（2020年国勢調査、2020年農林業センサス）。

Ⅱ　定年帰農・就農者による栽培技術の習得と実践
―安曇野市烏川体験農場―

1　烏川体験農場の概要

一つ目の事例は安曇野市堀金地区に位置する烏川体験農場です。安曇野市は県内有数の米どころで一帯には田園風景が広がっています。北アルプスの入り口でもあり、別荘地としても人気がある地域です。

烏川体験農場には会員達が自ら建てたビニールハウスが10棟ほどあり、会員はここを拠点としながら、他にもいくつかの農

図1　烏川体験農場の外観

地を借り受け、野菜や花卉など農産物を生産しています。現在の会員数は51人（2021年時点）で、全員が市内に居住しており、年齢では70代が中心で、男女比では女性が8割ほどを占めています。会員は年度ごとに市の広報誌とホームページを通じて募集していいます。以前は人づてに紹介されて参加する人が多くを占めていましたが、近年は広報を見て参加する人が増えています。会費は年間5000円で、年度ごとに回収していますが、会員は作業に参加すれば、時間給がもらえる仕組みとなっています。

烏川体験農場では年度ごとに年間の栽培計画を立て、それをもとに種まきや定植をし、管理、収穫、出荷を行っています。管理作業や選果・出荷作業は会員のうち参加できる人全員が農場に集まり、一斉に行います。基本的には朝8時から2時間ほどの作業です。夏場の果菜類など、毎日収穫できるものは販売用として生産し、近隣の直売所へ出荷しています。収益は農場の運営費に充てるほか、作業の出役費として会員に還元されます。その一方で、会員が自ら持ち帰るために生産している品目（例えば、タマネギやサトイモといった根菜類）や、各自が家の畑に植える分の苗も栽培します。

農場にはビニールハウスとあわせて、トラクターや管理機などの

図2　農場での収穫作業

機械や機具がそろっており、それらの扱いも学びながら、農場の運営にも携われるのがこの農場の醍醐味となっています。

2　原点は農家の「若妻」たちの学習の場

このように説明すると、一般市民向けの農業体験の場のようですが、もともとは農家の「若妻」を対象に、農業を学習する場所として30年前に開設されました。当時、稲作地帯である安曇野一帯では三ちゃん農業が一般的でした。「三ちゃん農業」とは「じいちゃん」「ばあちゃん」「かあちゃん」の三人で営む農業の呼び方です。「とうちゃん」は会社などへ働きに出て、農外収入を得ます。平成に入り、お米の作付面積を減らす減反政策が開始され、お米以外の生産が必要とされるようになりました。当時、堀金では農協・行政・農家は一丸となって検討を始めました。旧堀金村には近隣の町村に比べ、農業をする女性たちが多くいたため、あづみ農協が開校していた「若妻大学」には共に学ぶ仲間が多くいました。農業に従事する女性たちがこれほどいるのに、自分の家で農業をしないのはもったいないと、農協と行政では1991（平成3）年に3反歩のビニールハウスを村内に建てました。現在とは別の場所でしたが、それがこの「体験農場」の始まりです。地域の振興作物だった花卉（ストック）やアールスメロンの生産方法を女性たちへ指導するようになりました。

図3　会員のお持ち帰り用の里芋

現在、烏川体験農場の会長を務める北林澄子さんは、農場が設置された当初から携わっている一人です。澄子さんは北海道の出身で、堀金の米農家の男性と結婚し、就農しました。子育てをしながら、稲作をする傍ら、隣の町までリンゴ農家の作業を手伝っていましたが、体験農場ができてからは家の農業に専念するようになりました。パートに出ることより、体験農場へ通うことを選択したのは、農場で得た知識や技術を「おうちで実践することができる」からでした。体験農場は子育てをしていた澄子さんにとって、「農業を身につけられるありがたい場所」であり「多勢の仲間と出会えた場所」だったと言います。

その後の1995（平成7）年、「堀金物産センター」という農産物直売施設が村内に開設されました。澄子さんをはじめ、農場に通っていた女性たちも直売施設の社員や、施設内の加工所のパートとして、かかわるようになっていきました。それと並行して、農外の勤めに出る農家女性もさらに増えました。体験農場の会員は一時、5、6人まで減り、続けることすら難しい状況となってしまいました。それでも澄子さんより若手の女性たちが農場の運営を担ってくれました。

この頃から農場へ通っているおひとりが、ふみこさん（60代、女性、堀金）です。23年前に澄子さんから「美味しいメロンがつくれるよ」と誘われ、体験農場に通うようになり、澄子さんがいない間も農場を支えてきた頼もしい存在です。ふみこさんの家は農家ですが、退職するまでは歯科衛生士として働いていました。「バブルの時は農業なんてやる人はいなかった」と当時の様子を振り返ります。体験農場に通いながらも家では農業にかかわっていなかった時期もありました。「今は（畑を）自由にできるけど。（当時は）家だとお姑さんがいて、好きにはできなかった」と言います。

2005年に、堀金村は町村合併し、安曇野市となります。合併を機に、体験農場でも堀金だけでなく安曇野市全域から、男女を問わず会員を募集しようということになりました。市の広報誌で募集するようになると、定年を迎えた男性が次第に加わるようになり、並行して農家だけではなく、非農家のひとの参加が増えました。

3　烏川体験農場に通う会員のようす

現在の体験農場もまた、かつて農家の「若妻」たちが農業を学習する場であったように、住民たちが農業を学ぶ場として機能し、栽培技術を習得する場となっています。現在の構成員の中心は中高年の女性の会員ですが、男性も加わったことで、以前とは違う様相で活気づいています。

会員が体験農場に通うようになった経緯や、農業とのかかわりについてうかがいました。意外にも農家の方が多く参加しています。

まさゆきさん（83歳、男性）は約10年前に知人から紹介されて、農場に通うようになりました。既に定年退職をしており、「年齢的に生産性の高いことはできないから、農業くらいしかない」と考えました。実家はもともと農家で、三反歩ほどの農地を所有していましたが、中学の頃に親が農地を売り払ってしまいました。現在は知人から農地を借りることで、自ら野菜を生産しています。「ここでやる農業は正統派。計画を立ててやってくれる。自分でやったら一か月は遅れちゃうから」と、計画的な管理作業が学べることがこの農場の良いところだと言います。学んだことは自分の畑に取り入れていており、「とても参考になる」と評価しています。「作業に出てきてもいいし、休んでもいい。自分のペースで参加できるのがいい。億劫に思う時も来てみたら楽しいしね」と、体験農場での農作業と、個人で行う農作業のどちらも生活の一部に位置付けています。

ていこさん（83歳、女性）は、自分で作れる野菜を増やすために学ぼうと思い、体験農場へ通い始めて13年目になります。家は農家ですが、65歳までは農外勤務を続けていました。ここに来るようになってから、ネギやサツマイモをはじめ、学んだものを実際に自分の家の畑でつくるようになりました。ていこさんは「農業はひとりではできない」と感じています。最近では、家の農作業に30代、50代の人たちが子供を連れて手伝ってくれるようになりました。作業のお礼に野菜を現物支給していて、来てくれる人たちが喜んでくれるといいます。

たかしさん（70代、男性）は広報で募集を見つけ、２０２１年から参加を開始したばかりです。農業に関するテレビ番組や本などもたくさんありますが、それではわからないことが多かったため、ここへ通おうと考えました。もともと農家の生まれでしたが、農業が嫌いだったため、農業から逃れたいという思いから、東京で就職することを決めたといいます。それでも退職までは東京と往復しながら、家の農業を続けてきました。退職後、安曇野へ戻ってきて3年が経ちます。今は「自給自足の生活」を送っており、家の畑では消毒はしてはおらず、化学肥料ではなく堆肥をつくっています。「食べる分にはいい」ものの、本格的に無農薬のトマト栽培を開始するようになり、肥料の散布など、経験を積みたいと思いました。以前は嫌だった農業も今では、「つくるのは楽しい。ここ（体験農場）も、家の農業も」と、感じています。体験農場には「出会いがある」といい、「農家の人もいて、料理も教えてくれる」ことが魅力のようです。

非農家のあきこさん（77歳、女性）は澄子さんに誘われて、11年前から通いはじめました。体験農場で学んだマルチやトンネルのかけ方、誘引などの作業を家庭菜園で自己流にアレンジして実践するまでになったといいます。

同じく非農家のさだおさん（74歳、男性）は6年前から広報を見て、「おらでもできるかな」と思い、通うようになりました。定年を機に、「農業でもやってみたい」と思ったのがきっかけでした。体験農場では機械作業を任されており、耕耘や肥料散布などの作業を担っているため、会としての作業は週に2回ほどですが、作業のために毎日のように通っています。自宅のお庭には菜園があるものの、「女房がやっているから。触らないように」してきましたが、農業はやってみると「面白い」と感じています。

このように、農家でも非農家でも、家では畑や菜園にかかわっていない人や、かかわれない期間を有していた人が多くいることがわかります。農場へ通い始めてから、再び農地を借り始めたという会員や、周囲の若手世代に農業を教えるようになった農家の会員もおり、農場での体験が実生活にも影響を与えていることがうかがえます。

4　農家と非農家の交流

栽培技術について学ぶだけでなく、農場へ通う会員同士の交流を大事にしている会員も多くいます。

農家のむつこさん（70代、女性）は、7、8年前から農場へ通うようになりました。野菜を自分でもつくれるようになるところにも体験農場の魅力を感じていますが、「みんなと交流できる」ことがこの農場のよいところだと言います。他の会員の様子を見ていても、「農業やりたいひととは限らない」と感じています。

ともこさん（70代、女性）は隣町の非農家出身で、結婚を機に市内に移り住みました。体験農場には広報を見て、3年前から参加するようになりました。自然や土に触れたりすることが好きだというともこさんは、参加してみて、「とってもよかった」と言います。「種をまいたり、世話をしたり、大変なこともあるよ。でも収穫する喜びがあったり、来ている方たちもいい方たちばかり」だと言います。

このように烏川体験農場は、栽培の技術を習得したいという人もいれば、他の会員と話せることやみんなでつくった野菜を持ち帰ることを楽しみに参加する人もいます。参加者の目的は一様ではなく、温度差もありますが、農を学ぶ場、楽しむ場として、また、市内の人たちと交流する仲間づくりの場として機能しているのです。

その一方で、近隣にはこのように農に触れられ、学べる機会というのは多くないようです。ともこさんは「いっぱいあいているところ（農地）はあるけど、簡単にはいかない」と、農地がそばにあってもかかわる機会が少ないことを指摘していました。「意外と自分で探さないと。広報とかで探さないと、（そういう機会には）恵まれない」と言います。実際に、インタビューに答えてくれた会員の半数は広報で知り、加入していました。自らアクションを起こさないと農とのかかわりをもつことは難しいようです。その一方で会員の中には、体験農場で農作業を習得し、農繁期の農家から手伝いの要請が来るようになったという人もいます。

代表の澄子さんは「農家が作っているものは出来るだけ体験してみよう、そして工夫して人より早く食べられるようになろう」と会員の人たちと思いを共有しながら、活動を牽引しています。「加工の知識や生活の知恵を持っている人たちが周りにはたくさんいる。そういう人とかかわりを持つことができる環境にいるんだってことに気づいてもらいたい」と話していました。地域で営まれてきた生活の知識や知恵は家に居て身につくわけでなく、それを学べる場に自ら足を運び、地域の人々に出会うことによって知り、吸収することができるということでしょう。

Ⅲ　若手居住者による有機農法への挑戦―伊那市長谷さんさん農園―

1　長谷さんさん農園の概要

次に見るのは、伊那市長谷地区のさんさん農園です。旧長谷村は2006年に伊那市、高遠町と合併しました。長谷地区は伊那市のなかでも山間部に位置しており、市街地よりも高齢化率が高くなっている地域です。以前設立された集落営農組織の中には、高齢化で解散を余儀なくされた組織もあります。

こうしたなか、地域に賑わいを取り戻そうと、2019年から南アルプス山麓地域振興プロジェクト推進協議会（通称：長谷さんさん協議会。以下、長谷協議会）が設置されました。活動には市からの事業委託というかたちをとり、予算には地方創生推進交付金を活用しています。長谷協議会の目的は「有機・自然栽培をキーワードにした都市農山村交流と地域農業振興のシナジー効果による継続可能な地域づくりの推進」です。構成員として住民、市行政、地元の企業、近隣の大学、出版社がかかわっています。

このプロジェクトの一環で、有機栽培を実践する圃場として「さんさん農園」が設置されました。2021年時点、さんさん農園では5人のスタッフを中心に、不定期で手伝いに来る参加者約40人で運営されています（注13）。プロジェクトに参加する人たちの体験をメインとしながらも、有機農法で栽培した農産物を近隣の道の駅の直売施設や学校給食へ出荷しています。

さんさん農園は開始されて数年と日が浅く、プロジェクトの経過の中で、活動を模索しながら、少しずつかたちを変えてきました。まずはその経緯から説明します。

2　原点は移住・定住に向けた交流の場

①都市部住民との交流からのスタート

プロジェクトが開始された2019年時点では、県内外の都市部の住民との交流を通じ、長谷地区への移住を促そうという目的のもと、活動が開始されました。現地の長谷と、都内の新聞社のホールという二つの会場を拠点に、

（注13）2022年度からは会費制へ移行しましたが、ここでは2021年度の様子を中心に記述します。

異なる内容のプログラムのもと、「農ある暮らし学び塾」という講座を開催していきました。地元の農家や研究者をはじめ、地域の農業や食に関する講演と、圃場での有機農法の実践で組み合わされています。リアルとリモートのハイブリットで行われ、オンラインでの参加者だけでも約130人の参加がありました。現地の長谷では有機自然栽培の体験を実施するために「研修圃場」が設けられ、元中学校長男性が担当しました。別の圃場では20代・30代のプロジェクト構成員が自分たちでも有機農法へ挑戦しようと「チャレンジ圃場」を開始しました。

プロジェクト全体の事務局を担うのは、直売所向け雑誌の出版やコンサルティング業務を行う産直新聞社で、この社員でもある羽場友理枝さんがチャレンジ圃場の中心的な役割を担ってきました。チャレンジ圃場のモデルになったのは、Ⅱ章に登場した「烏川体験農場」です。友理枝さんは烏川体験農場への取材を通して、皆で協力して農産物を生産し、農場を運営するスタイルにかねてより魅力を感じていました。ここを手本として、7アールの畑で仲間と共に、有機農法による農産物の栽培を開始しました。

友理枝さんは旧長谷村の出身者ですが、農家ではなく、栽培の技術はありませんでした。そのため指導の協力を市内の若手農業者に依頼することとしました。あわせて、作業に参加してもらおうと友理枝さん自身の知人に声を掛け、さらに活動を支えてくれる仲間を集めるため、SNSによる情報発信を行いました。徐々に作業へ参加してくれる人が増え、近隣の大学生も加わって、農園は活気づくようになりました。

②コロナ禍での方針転換

プロジェクト二年目の2020年は、新型コロナウイルス感染症とともに始まりました。感染拡大防止のため、県外からの「農ある暮らし学び塾」の参加者はオンラインでの講習会のみの参加に限定しましたが、約200人の申し込みがありました。一年目に別々に運営していた二つの圃場は、運営上一つに統合することとなり、「さんさん農園」として公民館・中学校の向いの畑で圃場での活動を継続しました（図4）。

圃場を運営する友理枝さんたちは「同じ感覚で農業を楽しめる人に集まって欲しい」と考え、「ちょっとだけおしゃれにしよう」と、クラフト感のある立て看板を設けました（図5）。二年目となり少しずつ、作る技術も身についてきたため、近隣の道の駅内の直売コーナーへ農産物の出荷を開始します。販売時に用いる包装紙には少し目を引くよう、ラベルを張りました（図6）。こうした取り組みに早い段階で気づいてくれたのは、長谷保育園に通う子供たちの母親たちで、その後、彼女たちが何かと気にかけてくれるようになったと友理枝さんは言います。

しかし、プロジェクトは次なる課題を抱えていました。一つ目は、長谷地区に対して事業の効果を還元できてないという点でした。プロジェクトで定期的に参加する人の数は約40人まで増え、8割ほどを伊那市民が占めたものの長谷地区内からの参加者は数名に限られました。つまり伊那市内の市街地からの参加がほとんどで、自分の家の畑で家庭菜園がしたいという人々だったのです。

二つ目は、若モノの参加が中心であるがゆえに、いわば「サークル感」

図5　さんさん農園の立て看板

図4　圃場脇のベンチに集まった参加者の様子

が強まってしまい、これを解消することが課題となっていました。大学生など若年層が集まったのは良かったのですが、そのことでかえって「地域の人には近寄りがたい場所」になってしまったと友理枝さんは感じていたそうです。

③地域住民による運営の強化

これらの課題を解消しようと、事業三年目となる２０２１年度は「地元に還元すること」を目標として、住民の参加を促しながら活動を展開していくこととなりました。そのための取組として一つ目に、さんさん農園で機械作業を行える人員が参加者のみでは不足していたため、その役割を長谷地区内の農家に作業を委託することで補っていきました。

二つ目に、子育て世代の女性たちには、農園の管理スタッフとして来てもらうようにしました。友理枝さんは地区内に住む友人・知人から声を掛けていき、長谷へ移住して１、２年と間もない新規移住者の方にも声を掛けました。彼女たちの中には家庭菜園を行っている人もおり、関心を持ってかかわってくれるようになりました。

図６　さんさん農園が出荷する農産物

三つ目に、長谷地区への移住支援を行う「溝口未来プロジェクト」という別組織との連携を進めていきました。さんさん農園では主に有機の野菜栽培を、溝口未来プロジェクトでは主に有機でのコメ作りを行っていたため、相互で参加を募るようになりました。これらの結果、長谷の住民が以前よりさんさん農園の活動に参加してくれるようになりました。一方で、継続して長谷地区外の人たちにも協力してもらおうと、単発での参加者を引き続きSNSを通じ募集しました。

3　長谷さんさん農園の参加者のようす

以上の取り組みにより、さんさん農園には、平日は子育て中の女性たち、土日は近隣の会社員や学校教員というように、違う顔ぶれが農園に来てくれるようになりました。特に子育て世代が中核を担っているのがこの農園の特徴になっており、農村に住む若年層が農に関心を抱いている様子がうかがえます。

事務局の友理枝さんは進学・就職のために市外に出ていましたが、長谷さんさん農園を開始したことと、勤務地が伊那市内になったことがきっかけで、実家のある長谷へUターンしました。さんさん農園の管理・運営をするようになったのをきっかけに、親戚から農地を借りて農産物を生産することになりました。親戚のひとには「管理できることを認めてもらえた」からこそ、農地を貸してくれるようになったのだろうと友理枝さんは考えています。

さんさん農園には立ち上げ当初から、不特定多数の人がかかわってきました。友理枝さんが農園での作業の分担において意識していることは、「できる」より「好き」を活かすことです。はじめて農作業をする人も多く、草刈りをはじめ、機械作業については最初に講習会を行っています。「農作業」と一口に言っても多様な作業があり、作業によって個人の好き・嫌いが分かれやすいといいます。

農場に通う住民には農家の家の人もいます。スタッフとしてかかわっているしほりさん（20代、女性、長谷地区出身・在住）は友理枝さんの同級生で、保育士をしていますが現在は育休中です。一昨年の末からさんさん農園に来てもらうようになり、運営や農作業にかかわっています。しほりさんの実家には農地がありますが、農業についてはそのほとんどを親に任せてきたため、農業の経験はほぼありませんでした。あまり農業に関心がないのは周囲の家族も同様のようで、両親も農業のことはよく分かっていないと言います。さらに隣町出身の夫の家族は非農家のため、農業のことを「びっくりするくらい知らない」と言います。一方で、しほりさん自身はさんさん農園をきっかけに、栽培に面白さを感じるようになりました。自分でも野菜をつくってみようと、見よう見まねで初めて実家の畑にサツマイモの苗を植え付けてみました。「うちは大家族なんで。野菜も高いときは高いし。食べる野菜が自分でつくれたらいいですよね」と意欲的です。話をうかがった日はちょうど運動会の振り替え休日で、子どもたちとを連れて参加されていました。お子さんは二人とも率先し

図７　作業をお手伝いする子どもたち

て作業のお手伝いをしていました（**図7**）。農園に通うようになって、野菜も嫌がらずに食べるそうです。

次に、時間が合えば作業に参加しているという、きょうこさん（30代、女性、長谷地区出身・在住）を紹介します。きょうこさんは友理枝さん、しほりさんと同じ小学校で、普段は近くの観光案内所に勤務しています。住んでいるのが賃貸住宅であるため、畑はありませんが、プランターを使って野菜づくりをしています。農業には関心があり、「近くに求人があれば働きたい」と考えていますが、人を雇用するような大きな農家や農業法人はなく、自分で見つけた農業分野の仕事探しのマッチングアプリに登録をしました。もくもくと作業をするのが好きで、「もっと前からこういうところ（さんさん農園）があれば良かったのに」と言います。きょうこさんは今後ここが会員制になっても来たいと参加に対して意欲的です。

他にも数名の女性が参加しています。スタッフのりょうかさん（20代、女性）は最近、移住してきました。この日、1歳と3歳のお子さんを連れ、おんぶしながら作業をしていました。農薬や化学肥料を使用していないからこそ、子どもをあまり気にせずに連れて来られるようです。

4　世代間の交流

友理枝さんは農園の管理やプロジェクトの運営を通して、世代間の交流が大事だと感じるようになったといいます。約30年前、旧長谷村の職員が女性たちを集めてできた「麦わら帽子の会」では学校の給食用の食材として農産物を出していました。しかし、その取り組みは継承されることなく、解散してしまいました(注14)。友理枝さん自身は地

（注14）長谷協議会内の給食ワーキングチームは同様の思いから、同じ活動を同名のもとで新たなメンバーで活動を再開させることを決め、２０２２年度から活動を開始しています。

元で育ったこともあり、こうした活動をとても重要だと考え、さんさん農園でつくった農産物を給食の食材として出荷するようになりました。農作業を指導する地元農家もまた、これからの若い人たちに地域や農業について伝えたいと考えているといいます。田んぼの土壌やかつては沼地だったこと、水系のようすや魚を飼っていた経緯など、折を見て話している姿があります。

さんさん農園の直近の目標は、補助事業から自立した農園となることです。そのために行政職員もサポートを行っています。農園の位置づけを踏まえて、収益化を懸念しつつ、今後の運営方法を友理枝さんとともに話し合いながら、模索しているところです。

さんさん農園がモデルとした烏川体験農場との大きな違いは、有機農法を用いている点です。生産技術の難易度がより高いこと、そして収益部門をつくる難しさを課題に抱えています。それでも友理枝さんは子どもを連れて農園に来てくれたり、気にかけてくれたりする住民の多くが「農薬を使っていないこと」を好意的に捉えていることから、有機農法であることの必要性を感じています。子どもたちとその親たちが安心して一緒に来られる農園の良さを継続したいと考えています。

さんさん農園の活動は始まったばかりですが、熟練の農家のサポートを受けながら、若者たちが共に学ぶことを大事にし、日常に農を取り込もうとしています。若い人たちが農に触れる機会を育み、地域社会との接点としても、働く場所としても期待されます。今後、会員制にして会費や参加料をもらうかたちにしていくことを決め、それと並行して生産性を上げることで収益化していくことを目指すことになります。ただし、圃場を増やせば草刈りの面積も拡大し、負担も大きくなるため、道の駅への出荷だけでなく販売先を増やすとともに、契約農場として、来園者の農業体験の受け入れするなど他部門を設けていくことも話し合われています。

Ⅳ　加工を起点とした農とのかかわり――安曇野市豊科農産物加工交流センター――

1　施設と運営組織の概要

①豊科農産物加工交流センターの概要

次に見ていくのは、安曇野市にある豊科農産物加工交流センター（以下、豊科加工センター）です。農的な暮らしについて食の側面からアプローチしていきます。

豊科加工センターは、市行政が所有する施設で、その目的は「安曇野の自然に育まれた豊富な農産物の処理加工を通じて、交流、情報交換等の活動を推進する」と条例で定められています。市内在住者であれば利用でき、豆腐、味噌、こんにゃく、野菜ソース、ジュースなどの加工が可能です。ここでの活動は販売を目的としておらず、利用者自ら食べる自給用の農産加工の活動が行われています。そのため、豊科加工センターの施設は製造販売許可を有していません。他方で、大型の加工設備を使用することから、加工の際には複数人での活動が前提となり、グループ単位での利用申請が必要となります。多くのグループは5～10人程度で構成されていますが、中には20人以上からなるグループもあります。

利用者の年齢層は70代の女性が中心ですが、利用者全体の1割ほどは男性です。2021年4月から8月の期間では49グループ、年間のべ4500名に利用されています。利用者の中にはグループを複数掛け持ちする人もいます。特に味噌加工が行われる1月から4月は入れ替わりで午前、午後ともににぎわいを見せます。味噌は加工の工程に3日間を要することもあり、日程を決めるために毎年抽選が実施されるほどの人気です。

ソースやジュースに用いる農産物や調味料などの材料は、基本的に利用者が持参することになっています。そのため、原料を自ら生産している人や、知人や直売所から調達してくる人もいます。ただし、豆腐や味噌に用いる大豆については、運営委員会が一括して市内の契約農家2軒から材料を調達しています。

②管理運営委員会の役割

豊科加工センターの指定管理を行っているのは、施設の利用者で構成される管理運営委員会で、10人で構成されています。各委員は2年を1期とする2年2期制で、計4年で交代します。委員会では多様な業務を担っており、その一つが、「リーダー」と呼ばれる加工技術習得者の育成です。豊科加工センターでは利用者が加工を行う際、加工指導を行うことができるリーダーの参加を各グループに義務づけています(注15)。そのため毎年、新たなリーダーを認定する「リーダー研修」と、既存のリーダーのスキルアップのための「リーダー養成」という2種類の実技研修会が設けられています。

新規の利用者の募集は市の広報誌やホームページ等で行い、住民の参加を促し、新規利用者を積極的に獲得するよう努めています。豊科加工センターでは加工品を販売していないため、稼働率を高め、利用料を回収することで、運営費に充てているためです。委員会の委員もまた新規利用者を増やす役割を担っています。その一つが定期的な加工体験会の開催です。委員は自ら体験会の講師を行うだけでなく、体験会の参加者に声をかけ、積極的に新規グループ作りを進めてきました。委員は加工を行えるリーダーでもあるので、新しい参加者の加工活動をそばで支える存在となっています。既存の利用者たちによる加工品のお裾分けや口コミも新たな利用者が足を運ぶきっかけにつながっているようです。

2　原点は女性たちが集う場

現在は男性の利用者も増えていますが、豊科加工センターは当初、農村の女性たちが学習する場として設置された加工施設でした。現在に至るまでの経緯を説明します。

豊科加工センターの前身である「豊科町女性研修センター」は1998年、旧豊科町に建設されました。その後の2005年の町村合併に伴い、安曇野市の所有する施設となります。2015年からは指定管理者制度が適用されることとなり、利用者が立ち上げた「豊科農産物加工交流センター管理運営委員会」が施設の管理運営を担うこととなりました。名称も「豊科農産物加工交流センター」に刷新され、女性に限らず、男性も含む多くの市民に利用してもらおうと、市の広報誌などで広く募集をかけるようになったのです。

豊科加工センター初代会長の平田米子さん（75歳、女性）は旧豊科町の出身で、一旦隣の松本市に転出した後、家族とともに家を建てる際に豊科へ戻ってきました。「台所の仕事は嫌いじゃなかった」という平田さんは、幼少期から当たり前のように母に代わり夕飯のご飯を炊くことを日課としていました。もともと好奇心が旺盛だったこともあり、趣味のパッチワークやコーラスを長年続けています。

平田さんが旧豊科町へ戻ってきたのはおよそ30年前で、当時、仲間が欲しいという思いから、コーラスに通い始めました。コーラスの仲間の一人から味噌づくりに誘われ、当時の女性研修センターを訪れました。味噌づくりに参加してみると、使用する原料が大豆と塩と麹のみであることに驚くとともに魅力を感じたといいます。これを機に、

（注15）リーダーは加工技術指導を行える品目ごとに登録する必要があります。グループ内に該当するリーダーがいない場合には、半日2000円でリーダー資格を有する人に指導を依頼する必要があります。

味噌づくりに誘ってくれたコーラス仲間が参加する「消費者の会」(注16)に加入しました。

平田さんは幾度か加工に参加するうちに、近所の人たちや友人たちと一緒に味噌づくりを行いたいと思うようになりました。そのため、リーダーの資格を取得し、さらには研修センターの運営委員も務めました。その当時、自分たちが作る味噌や豆腐の食味に納得がいかなかった平田さんは、図書館から豆腐作りについて書かれた本を借りてきては、加工施設が空いている時間を使い、納得するまで何度も試作を重ねました。「麹やお豆腐もつくるたびに違うっていうか。いろいろそこで失敗して、覚えたり。だから楽しいよ」と平田さんは言います(図8)。

平田さんが味噌加工を始めた当時は、「女性が集まる場所がなかった」と言います。研修センターを利用するにも、何かしらの団体に所属する必要がありました。例えば、平田さんが加入した消費者の会の他、農家の女性たちが集まる農村女性の会や婦人会などです。

味噌や豆腐づくりをする活動は「友達づくり、仲間づく

図8　つくりたての豆腐を切り分ける平田米子さん

りというか。お料理とか漬物とかを教わったり」する機会でした。「女の人はその後お茶飲むでしょ。そうすると必ずなんか持ってくる。そうするとこれはどうやってつくったとか」、そういった話が仲間づくりのきっかけとなっていたと平田さんは言います。

今は市内にも様々なグループがあります。平田さん自身も加工センターの運営委員会の会長を退任した後、同時期に副会長を務めていた二人とともに料理教室を開講しました。「いろんなグループがあると、いろんなことがまた広がっていくっていうか。だから、体験からできてきた人たちのグループもまた違う人たちを呼んできたり、若い人たちが入ってくれたりするから」と、新たにグループができていることを平田さんは好意的にみています。

加工センターに来る人の中には、「友達が欲しくて来ている人」もいると平田さんは言います。北アルプスの麓に位置する安曇野には別荘地も多く、「山に憧れて、おうちを建てて来る人たち」がいます。最近は60歳代後半から70歳代から新たにグループへ加入する人が比較的多くなっています。「パートとかお勤めしてて、65で辞めて、1年か2年遊んでも、その後はもう遊び疲れてしまう」のではないかと平田さんは利用者の様子を感じ取っています。

3　豊科加工センターの利用者のようす

豊科加工センターでのグループによる加工品づくりについて、運営委員会の委員や元委員の方々は次のような思いを述べられています。

（注16）消費者の会は「賢い消費者になろう」という目的のもと、自主的な勉強を行っている組織で、当時から非農家だけではなく、農家の人も参加しています。男性もいますが、多くは女性の会員です。

現在委員の高澤さん（70代、女性）は9年前の女性研修センターだった頃から通っています。初めて加工グループに加入した当時は、年上の（今はもう80代後半にもなる）先輩がおり、加工が終わると必ずお茶の時間を設けていました。「『これつくってきたんだよ』『これやったんだよ』って言って、お茶飲みながら親睦する。その時に、自分がやったことないことを大先輩から教えてもらった」と、特に、漬物や煮物などのつくり方を教わるのを楽しみに参加していたと言います。

委員の唐澤さん（70代、女性）は2年前、仕事を退職した頃に、近所の人から豆腐をもらいました。その豆腐がとても美味しく、それを伝えたところ、「一緒に行かない？」と誘われ、豊科加工センターに通うようになりました。その後は「こんにゃくにしろ、何にしろ、手作りの美味しさに目覚めて」しまったと言います。「みんなでわいわいやるのが楽しい。この雰囲気が」と、利用者同士、委員同士の交流に魅力を感じています。「実際に来てみたら、いろんなことを覚えられる」ことも有難いと言います。

利用者の中には原料にこだわりを持っている人が多くいると、現在運営委員会の会長を務める若林さん（女性、60代）は言います。例えば、「地元のものをなるべく使いたい」「農薬や添加物のある物を使いたくない」という人など、「食に対する意識が高い」利用者が多いと感じています。「そういう思いがなければわざわざ加工しようなんて思わないだろう」と若林さんは思っているそうです。あわせて環境として、「農産物を加工できるだけの作物が、自分の家にしろ、近くの農家さんにしろ、手に入れやすいから、加工のしやすい」地域であることが活動の熱量と関係しているのではないかと指摘していました。活動を続ける中で、「今の団塊の世代の人が、人口的にも多く、気持ちも前向きだし。そのひとたちが作り上げてきたものだから。これをつなぐのは大変なこと」と、自分より年上の先輩たちと関わるなかで、活動を継承していくことの重要性と難しさを感じています。

日常生活において、農産物の生産を行っている会員も多くいました。平田さんはもともと非農家ですが、家の隣の空き地を10坪ほど借りて、自給用の農産物を栽培しています。葉もの、根菜、果菜などの野菜だけでなく、パエリヤに入れるサフランをはじめ、ハーブなども畑に植えてあり、ご飯の用意をしながら、収穫したり、草を取ったりしています。

豊科加工センター利用者のうち毎年、味噌加工を行っているFグループ（**図９**）の皆さんのことも紹介します。Fグループは10世帯のメンバーで構成されていて、自然農法や有機農業を営む人たちが活動の中心となっています。そのほとんどが東京や愛知など他県からの移住者です。Fグループの発起人はFさんという地元出身者で、有機農業を長年営んでいる農業者ですが、現在、Fさんは抜けた状態となり、グループの代表を務めているのは、関東圏から移住されてきた石川昭二さん・千代さん（夫妻ともに70代）です。

Fグループがつくる味噌の大豆は石川さん夫妻が有機農法で生産したもので、三品種をブレンドして使用しています。麹に使用する米もまたグループのメンバーの桐沢さん夫妻が有機農法で生産しています。グループにはこのほかにも二人がそれぞれ田んぼを借りて、米づくりを行っています。

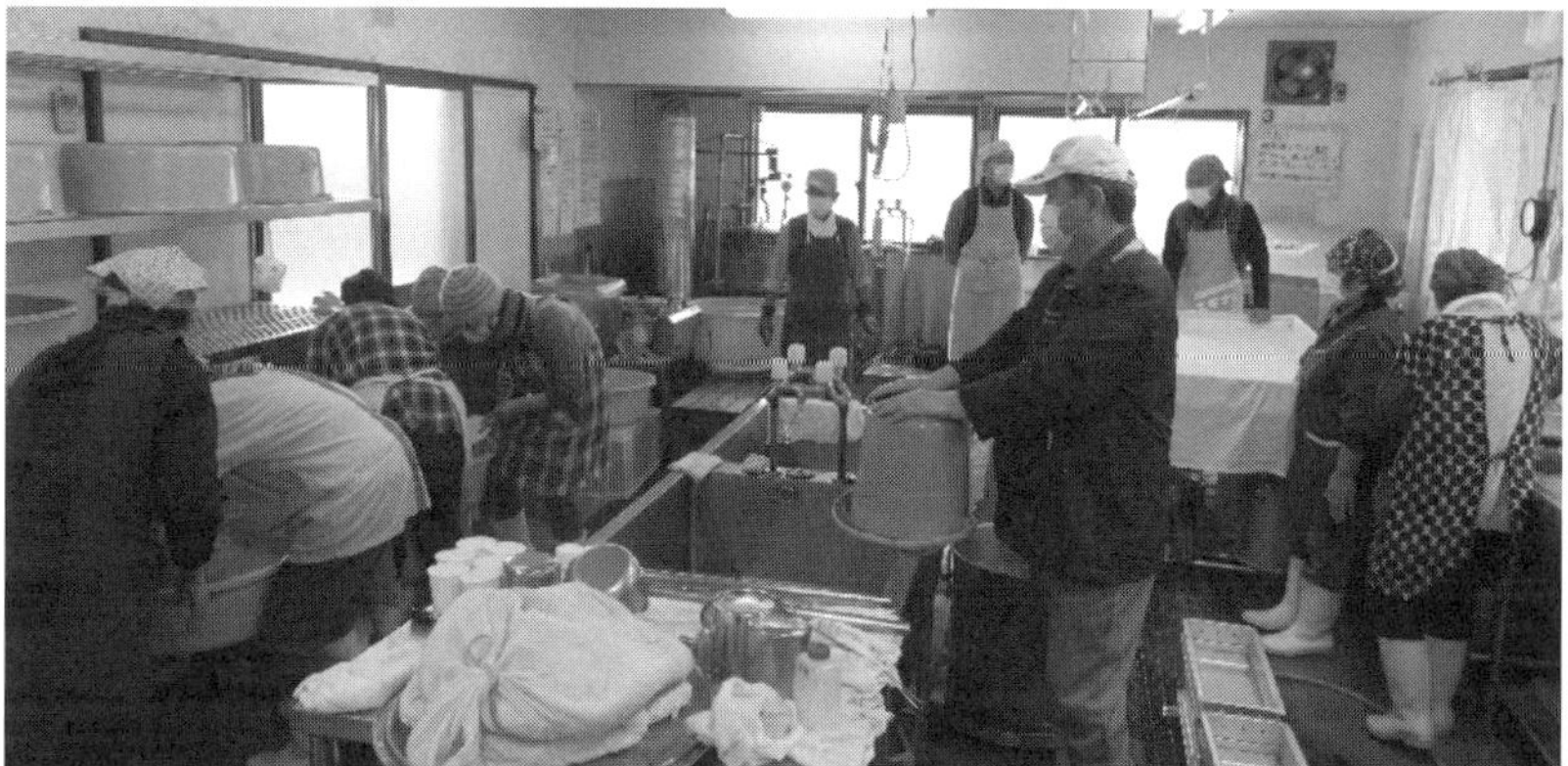

図９　味噌づくりをするＦグループ

Fグループのメンバーは積極的に家庭菜園に取り組んでいる方や、織物やわら細工といった工芸を趣味にされている方など、各々充実した「田舎暮らし」を送っています。その中でも他県から移住され、安曇野での生活が最も長いのは白川さんです。35年前に、工芸作家の夫とともに愛知県から安曇野市へ移住してきました。当時は移住者がまだ少なく、知り合いもほとんどいなかったといいます。移住してから数年後に参加した太極拳がきっかけで、いろいろな人と出会うことができました。Fグループに加入したのも太極拳で知り合った人がきっかけです。今では趣味や習い事など様々なものに参加しています。

Fグループには市内出身、在住の方もいます。宮沢さん（70代、女性）は10年前に豊科加工センターの味噌づくりの体験会に参加しました。新たにグループを立ち上げるというのは大変でしたので、当時、一緒に体験会に参加していた女性とともに、既にここで活動していたFグループに入れてもらったと言います。宮沢さんは以前、県内の木曽地域まで足を延ばして味噌づくりをしていました。また、家には豆腐をつくる機材がそろっており、長年作ってきましたが、体調を崩して以降はつくっておらず、ここでつくるようになりました。

4　農家・非農家、既存住民・移住者の交流

様々なグループが出入りする豊科加工センターは交流の機会にあふれています。この加工施設が「農産物加工交流センター」という名称となったのは平田さんの案でもあり、活動を通じた出会いを大事にしてほしいという思いが込められています。実際に、豊科加工センターの中で多くのグループとかかわり、いろいろな縁が生まれていると平田さんは言います。

リーダーの資格を持つ平田さんの場合、自らが参加するグループ（消費者の会、ほほえみの会、みそ友の会、

五月会《さつき》）以外に「おみそを見てあげている」グループが複数あり、それらグループの多様な人たちとかかわってきました。その中には、平田さんが委員を務めていた時代に行った豆腐づくりや味噌づくりの体験会を機に発足したグループもあれば、他の加工施設から活動の拠点を移してきたグループもあります。そこには市内の「農家の人」や「そうじゃない人たち」、「県外から越してきた人たち」もいます。

平田さんは、お味噌づくりの活動を通じて、隣の堀金地区の山あいに住む農家に出会いました。標高が高い畑で生産される野沢菜は自分の菜園でつくるよりも「柔らかくていいお菜」で、毎年届けてくれることに感謝しています。他にも知り合った農家さんが珍しい品種の野菜を教えてもらったり、時には種や苗を分けてもらったりすることもあります。

このように、地域の農産物を加工する活動そのものや、活動拠点である加工施設は、非農家と農家の接点にもなっています。複数のグループが利用する施設だからこそ、グループ以外の利用者同士が繋がり、そのことに価値を感じている委員や利用者が多くいます。また、こうした交流から多くの学びが得られ、生活の中でそれらが実践されているのです。

加工センターでの活動は地域の人同士だけではなく、家族の関係にも少なからず影響を与えています。例えば、近隣の数軒の世帯で行っていた味噌づくりが高齢のためできなくなってしまい、豊科加工センターに来るようになった農家のひとや、お味噌を食べて美味しかったからと義母とともに加工センター来るようになった若い女性、体調を崩した妻に代わってグループに加わった高齢の男性などがいます。利用者がグループに入るきっかけは様々ですが、家族や近所の人と行っていた活動を継続する場として、時には家族が入れ替わりながら、自給的な農産加工が続けられていることも興味深いです。

V　農活を通じた農村住民の農的な暮らしの再スタート

1　住民の農活を支える新たなコミュニティ

①各事例の特徴の整理

以上の事例では、農に関心を持つ住民たちが集まって、集団的に活動を行っていました。農という共通の興味・関心を持つ住民たちが農活の場に集まり、新たな集団が形成され、農的な暮らしを始めるきっかけとなっています。ここで、三つの事例について、改めて整理します（表1）。

事例1の烏川体験農場ではかつて農協の指導を受けた女性たちが中心となりながら、慣行的な栽培技術をもとに、地域の作付け体系を共に学び、習得するため、共同で農産物の栽培を行っていました。販売を目的として生産されている農産物もありますが、それも農場での活動を継続するための収入源であり、利益を追求するものではありませんでした。また、会員たちそれぞれが自宅へ持ち帰る分の農産物や苗が栽培され、このことも会員たちの参加を促していました。会員の中には、自分の家の農地や、借りた農地において、学んだ知識や方法を実践しているひともいました。

事例2のさんさん農園では、有機栽培の農場に多様な参加者を集めて、共同運営していました。ここでは、事例1と異なり、若手世代が中心となっていました。参加者自らの生活に農を取り入れることを前提として有機農法が選択されており、それに地域の若手世代が共感し、参加を促していました。子育て世代の女性たちが農に関心を持ち、実家や親戚の畑で自給用の農産物の栽培を実践する後押しとなっていました。

事例3の豊科加工センターでは、農産物の加工の事例を取り上げました。大型機械を用いることから複数の人たちからなるグループを単位に共同で加工が行われており、多数のグループが活動していました。加工品の活用のしかたや、漬物や煮物など農産物の調理方法といった食に関する情報を共有する場として機能しており、それらは各家庭で実践されていました。

各事例における活動は、家の農地や借地での実践的な農の営みを促し、家庭の食生活において自家用野菜や農産加工品の活用を進めていました。農活で得られた知識や経験が住民たちの生活に活かされ、実践されているのです。この様子は、都市の人々が貸農園や市民農園へ通う様子とは異なります。また、いずれの事例も関係者の出入りを伴いながら、地域の実情に対応し、形態や仕組みを変化させていました。事例1と事例3は1990年代に女性たちの学習の場として設立されていました。当時は農業の担い手として、また生活の担い手として、女性たちにスポットライトが当てられていたことがわかります。しかし、時代の変化とともに男性たちが自

表1　各事例の整理

項目	事例1	事例2	事例3
名称	烏川体験農場	長谷さんさん農園	豊科農産物加工交流センター
主な活動	農産物の生産（慣行栽培）	農産物の生産（有機栽培）	農産物の加工
運営費	会費、農産物の販売、補助金（市）	助成金（市）、農産物の販売	指定管理料（市）、施設利用料
施設の利用者	会員のみ	運営スタッフ、当日参加者（2022年度から会員制度へ移行）	グループ単位（複数のグループが利用）
年齢層	70代中心	20～30代	70代中心
関係者の属性	農家・非農家	非農家	農家・非農家
	主に定住者	定住者・移住者	定住者・移住者
備考	農業を体験し、学習する場	地域振興事業の一環として開始	自給的な加工品づくり、地産地消の推進

資料：聞き取りの結果から筆者作成（2021年12月時点）

ら活動へ参加する様子がみられます。これに対して、事例2では当初その対象を地域外の人を中心としていましたが、地域住民が徐々に加わっていました。

以下では、これらの事例から農活する住民とともに農活集団の特徴を整理していきます。

②農村住民と農の関係

第一に、農活する住民たちに注目すると、いずれの事例においても、非農家だけでなく農家の人も活動に加わっていました。農場の場合には既存農家の参加が多くみられ、そのほとんどが農外就業者でした。農産物の加工には非農家・移住者が多く、多様な人たちによって構成されていました。多くの農村住民にとって「農」は、仕事として認識されておらず、食や趣味と結びついたある暮らしの嗜みのように見受けられます。これらは都市住民にとっての農的な暮らしと同様に、生活を豊かにするための手段として「農」が位置づけられているといえるでしょう。

個々の住民と農の関係に注目してみると、農村という地域に居住していても、農家という世帯に所属していても、農とのかかわりは分断されやすいことがわかります。具体的には、親世代が農地を売り、一度は農家ではなくなってしまった世帯の男性や、農家でありながらも農業以外の職業を選択した女性、地域外へ転出していた男性など、一度は畑仕事から離れてしまった人たちが存在しました。これに加えて、農家の世帯員や親戚が農家という人を多く含んでいました。その一方で、彼らは家族や親戚に頼ることなく、農活の場とそこで出会った仲間たちを拠り所としながら、農とのかかわりを取り戻し、農的な暮らしを歩み始めていました。

このことは家族関係にゆだねられてきた農業の特徴と大きく関わっており、農活集団が形成される背景を現代の農村および農業の構造的な問題から捉えることができます。その一つは、農村住民による農業以外の職業選択です。

農外の仕事の継続や、地域内での直売施設等の立ち上げなど、労働力を家の農業から、家の外に向けることで収入を得ている人たちがほとんどでした。家で農業をしていた場合にも、地域振興を目的として、その比重を農業から農業関連事業に移行させた人もいました。こうした職業選択により、多くの農家において、自給的な農業生産すら続けることも難しくなっています。

二つ目は世帯ごとの農業規模が零細であることが挙げられます。これは一つ目とも関わっていますが、本人もしくは家族が農外就労を選択した場合に、農業経営の規模を大きくすることが躊躇われ、むしろ、規模を縮小したり、離農を選択するケースが少なくありません。生産規模の小ささは農家の場合だけでなく、非農家も同様です。自給用の畑や家庭菜園を行う場合に、零細がゆえに家族のうち特定の構成員が占有することとなり、結果、家の中で農に触れていない、触れられないケースが生じていました。多世代家族の場合にも親世代が担うことが多いため、子世代がかかわれない・かかわらない事態を招いています。

このように、世帯において住民と農との関係が断絶され、農業の知識や技術を十分に習得できないがゆえに当人だけでなくその子息もまた農的な暮らしを営むことが難しい状況に陥っているのです。農とのかかわりを持たない・持てない住民が、家の外に出るかたちでの農を習得するために、農活の場へ参加しているのです。その際、自ら農との接点をつくり出すことが、農的な暮らしを開始・再開する一歩となり、実生活に農とのかかわりを取り込むことができるのです。

住民たちが農的な暮らしに至るまでには、個人の農への関心→方法の模索→農活の場への参加→仲間たちとの農に関する知識・技術の習得→農的な暮らしの実践という過程を経ていました。このことから、農村住民の生活において農は所与のものではなくなっており、農的な暮らしは自らの選択と行動のもとで成立するライフスタイルの一つとなっているといえます。つまり、長い期間農村地域に住んでいるからといって、またはそこへ移り住んだからといって、必ずしも農的な暮らしを送れるわけではないのです。この実態は農村住民の生活と農業が再編されつつあることを示唆しています。

③地域社会との結節点としての農

三つの事例にみられた共通する点は第二に、人と人との関係をむすぶ、地域社会の結節点になっている点です。住民が農活する方法の選択肢には、個人が自由なタイミングかつ個人で農作業する市民農園、貸農園といった形態もあり、こうした場を望む人もいるでしょう。他方で農活集団の活動は、基本的に共同作業となります。事例では農に触れるという目的を超えて、新たな仲間との出会いや交流を期待して参加している人々が多くいました。仲間とともに作業するからこそ知識や交流が深まり、そこのことが農村での暮らしに楽しさや豊かさをプラスしているのです。

このような農村住民と農と地域社会の関係について、筒井一伸氏が唱えた「農業のかかわりしろ」という考えをもとに検討を加えます。筒井氏は農村への移住者が就農していく様子を踏まえて、「農村における地域との『かかわりしろ』としての農業のアドバンテージ」を指摘しています(注17)。ここでいう農業がもつ「かかわりしろ」とは、地域の人々と農のあいだの結節点がもつ余白として捉えることができます。農と地域社会とのあいだにあそび（ゆとり）があることは、新たに農村へ移り住む人々と地域コミュニティとの接点の多さを意味しています。

こうした農村住民と農と地域コミュニティとの接点としての「農」の側面が、実は既存の農村住民にとっても重要な役割を果たしうることを本書の事例が示しています。農家・非農家を問わず、世帯の中で営まれる「農」の場合には、大規模な農家（農業経営体）でない限り、農との「かかわりしろ」は思いのほか狭く、家族のなかでも関われる人が限定されやすいのです。「農」が農村住民のなりわいや生活から切り離されつつあるなか、交流の手段という新たな役割をもつとともに、農村の新たな農的な暮らしが誕生していると考えられます。このように、世帯における農業のかかわりしろの縮小と、地域における農業のかかわりしろの拡大は表裏一体といえます。各世帯において農が切り離されていく一方で、地域が抱える農の領域が増え、そこに関心のある個人がかかわれる場として農活が必要とされ、集団が形成されつつあると捉えることができます。移住を検討する都市の人々だけではなく、非農家そして既存の農家においても、地域社会とのかかわりは必要とされているのです。農活集団は集落よりも地理的に広範囲に及ぶ居住者で構成されていました。農にかかわる諸活動を通し、地域（市内）の人たちとの交流を育み、情報を共有する機会となり、世代間の交流を深める機能まで果たしていました。活動により人の輪が交差したり、連鎖したりすることに意義を感じている参加者が多くいることも興味深いです。農活を通じ、地域の伝統野菜やその調理方法を知ること、別の集団ともかかわりを持ち、人脈を広げること、こうした活動が農村という都市とは異なる地域に居住している実感となり「その土地らしい」「農村ならではの」生活を楽しむ様子がありました。農活は農に関する知識や技術の習得にとどまらず、地域特有の知恵や食文化を学ぶことにつながっているのです。

ここで農活集団が地域社会の結節点としてなりうる三つの要素を検討します。一つ目に、仲間と共に生産することの「楽しさ」です。いずれの事例の参加者も自ら足を運び活動を楽しんでいました。それに対して、家での農業がネガティブに語られていたことは興味深いです。家族関係がある種の煩わしさを抱えている一方で、仲間ととも

（注17）筒井一伸「『なりわい』としての農業を取り戻す」図司直也・筒井一伸『就村からなりわい就農へ―田園回帰時代の新規就農アプローチ―』筑波書房、２０１９年、55頁から引用。

に共同で行う農業や加工活動は、「楽しい」と語られていました。ただし、共同作業を伴う農活において煩わしさが無いわけではありません。参加するか否かを自ら選択できるというかかわりしろの良さがそこにあるのでしょう。

二つ目は、集まる人々の食生活への関心や健康への意識の高さです。参加する住民は農家、非農家を問わず、「食」にかかわることに重きを置いていました。自ら食べるものへの関心の高さが、有機農法や自給的な農産加工の活動にむすびついています。また、加工の技術をもつ人と、加工の原料となる農産物を生産する人の交流を促していました。食への関心は農家・非農家、移住者・既存住民の枠を超え、活動を活発化させる活性剤となっています。また、加工グループの中には親世代から子世代への交代を果たしていたケースもありました。加工品は農産物よりも食味において特徴が出やすく、また販売されていない点も活動への参加を促していると考えられます。このことは家庭ではできない食文化の継承の機能を新たな集団が補完しているともいえるでしょう。

三つ目は多くの活動が参加者の向上心に支えられている点です。事例に集まる人々から活動の良さを聞くと、「先輩たち」「お姉さんがた」「よく知っている人たち」と表現される地域の人々から様々なことを教えてもらえることが挙げられていました。そして、その人たちから学んだことを暮らしの中で上達することが目標の一つに挙げられています。こうした様子から農村住民にとっても農の営みが稽古事や習い事の側面を兼ねているともいえます。そして学ばせてもらってきたという思いが、運営に貢献したいという気概や継承する意欲につながっていました。

このように、家族関係や性別といった既存の枠組みから解放された「農」は、純粋に楽しむことや、生活の豊かさとして農村住民から認識されつつあります。そして、農村地域において多様な居住者が増えているからこそ、既存住民にとっては新たな地域社会の構成員との関係をつくる結節点として農活の場が機能しているといえます。

2　農村住民が暮らしに農を取り戻すために

①農活集団の役割

以上を踏まえて、農活集団の形成とともに、それを通じて住民たちの生活において農的な暮らしが醸成される様子について検討していきます。

図10（上側）は従来の農村における農家生活を模式的示したものです。まず世帯に注目しますと、農業が仕事と生活として営まれ、家族関係のもとそれが継承されてきたことを示しています。周囲には農業をなりわいとする農家が多数存在し、その集合体として農業集落が形成され、これが地域社会の基盤として存在してきました。しかし、仕事と生活を兼ねて農業を行っていた農家は、仕事として農を営む販売

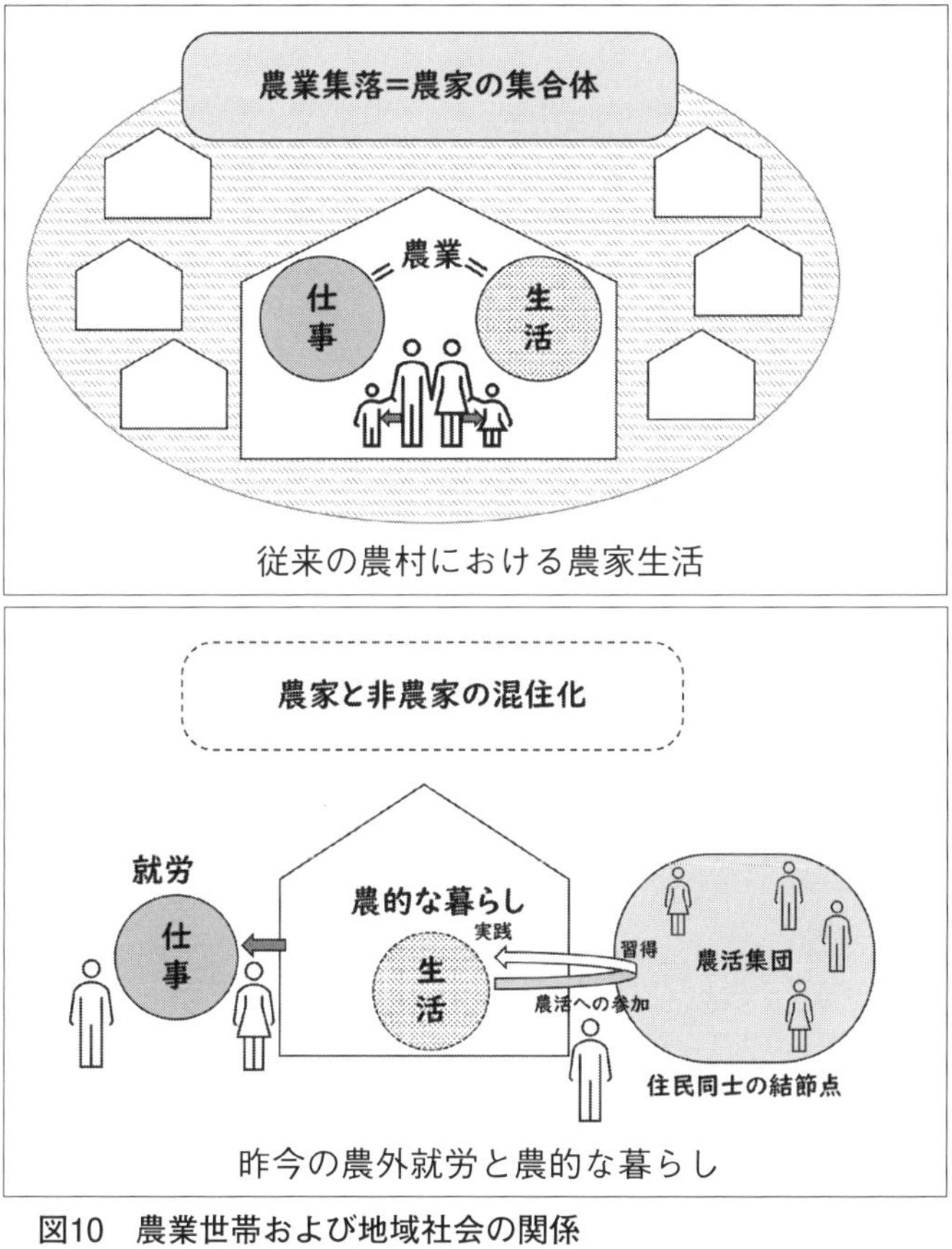

図10　農業世帯および地域社会の関係

農家と、生活のために農を営む自給的な農家に二極化する傾向を示してきました。後者の場合には農外就労・給与所得を選択し、さらに離農傾向が進展した結果、非農家の増加につながっています。

こうした事態によって、図10（下側）のような現代の農村住民の農的な暮らしの形態に至っているといえます。つまり、世帯の構成員は農外就労を選択し、家の外の仕事から収入を得ています。農業がなりわいではなくなったことで、生活の農業も消失しやすい状況となってしまうのです。その際に、農的な暮らしを営もうとする住民（個人）が、それを習得できる拠り所を求めて農活集団へ加わることで、農の知識や技術を習得し、それらを家で実践するという様子を示しています。

具体的には事例1の烏川体験農場において、一旦は親世代が土地を売却して非農家となった男性が農活を経て、新たに農地を借りていました。他にも、自給用野菜の生産からステップアップして、販売用の農産物を生産するまでに至った男性もいました。事例2のさんさん農園の場合では、子育て世代の女性が家や親戚の畑で自ら野菜の栽培にチャレンジしていました。

逆に言えば、農をはじめ生活に関する知識が家族間で十分に共有、継承されている様子はありませんでした。農活の場へ通い、集団への参加を選択してはじめて、農的な暮らしを始められた人もいます。趣味やサークル的な活動として、農を営む農活の場へ関与しようとする人々が集まり、農活集団が形成され、それが各個人の農的な暮らしを支える機能を有するようになっています。新たな住民組織を通じて、農の知識や技術が継承されているのです。このように家族や農業集落の機能が低下している今、農家・非農家を超えた新たなかたちのコミュニティが住民の生活面から必要とされており、農村社会を支える役割の比重を高めていくと考えられます。

混住化が進む農村地域では、各世帯が農の営みを縮小させており、そのことが既存の農業集落としての機能を低下させるとともに、集落を通した家族間の関係は希薄化し、地域社会との断絶を生じさせています。農業集落の低迷と並行するかたちで、農活の場において誕生した集団が住民同士をつなぐ役割を果たしていると考えられます。既存の集落を超えた広域的な地域社会が再構成されているのです。

②農村住民の農活と農的な暮らしのあり方

「農活」を必要としている農村地域の住民の様子から、農村生活の変容を次のように捉えることができます。従来の農村生活は二つの特徴を捉えることができました。その一つ目はエネルギーの自給です。「農」とは「耕す、作物をつくる」を意味する言葉であり、自らの手で畑を耕し、食べ物をつくる暮らしとしてとらえることができます。農家では自給畑を用いて家族が食べる農産物の生産や野山での山菜の収穫、それらの調理や加工、燃料源となる林地からの木材調達など、自ら行うことで生活を営んできました。

二つ目は家同士の関係です。「農村」とは本来、住民の大部分が農業をなりわいとしている村落を指す言葉です。村落（むら）は複数の家（いえ）の集合体であり、地縁・血縁関係のもとで集まった人々との相互扶助により生活が営まれてきたのです。しかし、農業を営む世帯つまり農家が減少するなか、むらにおけるいえ同士の関係も希薄化しつつあります。

「農的な暮らし」という言葉を用いた場合には、一般的に前者の自給的な側面だけが切り取られて解釈されます。しかし、本来は後者の「むらでの生活」もまた切り離しがたいものだと筆者は考えます。それは農業も農村での生活もともに、地域資源に支えられていることに起因します。地域資源は個人で管理しがたいものだからです。しかし、それ以上に、個人単独では農活を継続し、能力を高めていくことは困難を伴うからこそ、地域の人とのつながりが大事であると考えます。例えば、気候に即して適期に作業を行うことや、収穫した農産物を上手に活用する加工調理法を習得するには、一般的な本やテキストでは情報として不十分でしょう。農の営みが地理的にも社会的にも地域と密接な関係にあるからこそ、仲間との交友関係が重要な意味を持ち、結果、農活集団がコミュニティ性を帯びていくと考えられます。

一方で、従来の農業者コミュニティの場合には、家族関係から切り離すことが困難でした。例えば、かつての烏川体験農場が指導の対象としていたのは「農家の若妻」でしたし、豊科加工センターで活動してきた生活改善グループも当初は「農家のおよめさん」を勧誘してきた組織でした。こうした組織ではたとえ個人として参加した場合でも、家族であり職場でもある農家との連続性が強いという特徴を持っていました。こうした点を踏まえると、紹介した事例の農活集団とは対照的です。参加者には、家族に代わって加入する人も一部にはいたものの、自ら広報誌で募集をみつけたことや、友人に紹介されたことをきっかけに参加していました。農業組織でありながらも家族とは切り離されていることは大きな特徴といえます。烏川体験農場の事例では、農場のことを「自分たちの居場所」と呼んでいる人もいました。家からも仕事からも切り離されて参加できることで、住民たちが心地よく通える居場所になっているのではないでしょうか。

③暮らしの〝めんどう〟を楽しむ心

ここまで何度も「農的な暮らし」という言葉を使用してきました。実際のところ、農的な暮らしというのは、スーパーマーケットなどで購買して入手できるものを、あえて自らの手でつくりだすことを厭わずに生活を送ることを意味します。捉え方によっては、これほど面倒な暮らしはありません。農産物の栽培や農産加工は一度経験したことがある人ならご存じの通り、手間も暇もかかります。野菜作りはつくるだけでなく食べることも並行して行う必要があり、調理・加工においても安定した味を再現できるようになるには何度も失敗を重ね、試行錯誤が必要です。

これは余談ですが、事例のある長野県では、億劫なことに腰を上げて取り掛かろうとするときに「ずくを出す」と言ったり、何かを面倒くさがってやらないことを「ずくがない」と言ったりします。こうした「ずく」を楽しめることが農的な暮らしにおいては肝要なのでしょう。

このことは参加している構成員以上に活動や施設の運営に関わっている方々の様子から伺えます。準備や計画、参加者や利用者のフォロー、雰囲気づくりなど、多岐に渡るサポートを徹底して行っていました。それでも運営者の方々が人一倍、その活動を楽しみ、参加者が奮闘する姿を温かく見守っている様子はとても印象的です。

「ここに来ている人たちがいきいきとやってくれる。それが何よりうれしいし、元気をもらえる」と自分の家の農業よりも優先して体験農場を気に掛ける体験農場の北林さん、体験農場の設立当初から「いろいろと面倒みてきたんだよ」という農協の職員さん。「このグループの世話人です」と、自己紹介してくれた加工グループの代表者の石川さん、3月のほとんどを味噌加工の活動にあて、多くのグループの「お味噌（づくり）をみてあげている」平田さん、ボランティア活動をする代わりに加工施設の委員になった女性など、どの事例も地域住民の「世話」で成り立っています。

その一方で、農活集団の活動は個人の生活の延長に位置づいており、善意や好意を無しには成り立ちません。逆を言えば、「仕事」としてではなく「生活」の一部としての「農」だからこそ、仲間づくりや交流を優先して参加すること、自分らしく活動すること、おしゃべりやお茶の時間を大事にすることなど、こういった諸々が許容され、大事にされて、それが生活の豊かさにつながっているのでしょう。

④農業・農村振興に向けた農活支援に求められる視点

最後に、農村住民にとっての農的な暮らしの意義を示すことで農業・農村の振興策を検討します。農家の離農が進み、非農家へ転じるとともに、農とのかかわりを持たない世帯が増加することで、地域全体の農業生産力や農地の利用度を低下させています。こうした状況下とは言え、農業生産額の向上に注力する限りでは、このような農的な暮らしが何につながるのか、経済効果は見込めるのかという疑問が先だってしまうに違いありません。

もちろん栽培指導や農産物の販売のサポート、振興作目の創出など、既存農家の支援や新規就農者の支援は不可欠です。しかし、その一方で旧態依然の地域農業の夢や希望のもと、農家の減少を憂いているばかりでは農業にも農村にも明るい未来を描くことはできません。農村住民の多くが農家ではないという現実に目を向け、対峙していく必要があると考えます。農村住民が農村地域に居住する目的は農業という仕事にあるのではなく、健やかで楽しい、農的な暮らしを送ることにあるのかもしれません。このことを鑑みれば、農的な暮らしの再生は、地域住民の幸福度、満足度を高めることに大いに貢献することができ、その取り組みは地域への評価を高め、移住・定住の促進にもつながります。また事例では、実際に農家でアルバイトをするようになった高齢の男性や、農業を仕事の選択肢として捉えている若い女性など、生活のための技術習得の延長に将来的な農業者の育成を見据えることができます。農村住民の農活の場を整備することは地道ではありますが、幅広い意味で地域の人材の育成につながっていくと考えられます。

話を聞かせてくださった方々のなかには「なんでこういうところ（農園）なかったんだろう。需要あるから。もっと行政とかに声を上げてほしい！」と筆者に熱く語ってくれた女性もいました。こうした住民の暮らしに対する要望はあまり重視されてこなかったのではないでしょうか。昨今のコロナ禍では、都市からの積極的な移住の後押しや「ワーケーション（ワーク＋バケーション）」と呼ばれるリモートワークが可能な拠点整備など、各地の自治体が推進する様子が見られます。移住・定住の促進は人口減少が深刻化する農村地域において、不可欠な政策の一つとなっており、移住する人々の仕事や暮らしを考えることもまた不可欠です。しかし、なぜ地域の外の人ばかり支援するのかと、不思議に思っている住民は実際に少なくはありません。今こそ農村における地域的な政策として、既存住民の暮らしの見直しが必要とされているのではないでしょうか。住民の生活から農が失われつつある今こそ、気軽に農を再スタートする場を創出することが地域農業と地域社会の活力となりうることを、本書の事例は示唆しているように思います。

農活の場としては既に市民農園や貸し農園が各地で進められており、農家が支援する事例もあります。しかしながら、農地を貸し、道具を貸与すれば、全員が生活における農を開始できるわけではなく、またそれを継続していくうえでは精神的なモチベーションの維持が必要です。農活における仲間の存在は農的な暮らしを継続する支えとして、また、農村地域において住民同士の関係をつなぐうえで重要だと筆者は考えます。

行政サイドでは財政が縮小され、指定管理制の導入等により、住民が中心となり活動を支えることが求められつつあります。その一方で、住民が農活を開始・継続していくには、役場や農協の職員にも、労力面や経済面のサポートが求められます。いずれの事例も市行政では事業として推進しており、これを負担として捉えれば、厄介で、大変で、扱いづらい存在として評価される可能性すらあります。しかし、当時の行政や農協が創設した拠点がしっかりと引き継がれていたことは見逃せません。30年前には学ぶ側だった女性たちが、現在はより多くの人たちへ教える側になっており、農家／非農家という枠を超えて、地域の人々の交流を促す役割も果たしています。当時の人材育成としての「投資」が、現在の成果につながっているのです。

最後に、生活の視点から農業振興を捉える際に触れておきたいことがあります。それは有機栽培、自然農法といった慣行栽培とは異なった生産技術に対する住民からのニーズの高まりです。事例2のさんさん農園に通う子育て世代の女性たちは有機栽培である点を評価していました。事例3の豊科加工センターで味噌づくりを行っていたグループの方々もまた有機農法や自然農法により自ら栽培した原料を加工することを重要視していました。このように、自ら農的な暮らしを選択する人々の多くは、生活の豊さに重きを置くとともに、環境負荷や人体への影響を考慮して、食べるものを選択し、その結果、生産方法についてもこだわりを持つ傾向にあります。こうした関心の高さは技術を習得したいという意欲にもつながっており、技術的な支援の先に安定した量・質の農産物の生産が見通せる可能性もあります。

海外からの肥料や農薬、資材などの調達が困難となった今だからこそ、自ら食べる分の農産物の生産を目的とした小規模な農の営みをモデルに、低投入型の農業生産体系を技術的に確立していく準備を進める必要が確かにあることを現場の人たちが示しています。農村住民の暮らしが変化し、農が改めて必要とされるなか、既存とは異なるアプローチによる農業振興策の検討が期待されます。

付記

本研究の実施に当たりご協力いただいた関係者の皆様には心よりお礼申し上げます。また、豊科農産物加工センターの調査については、卒業研究として従事した伊藤宏應さんの労によるところが大きく、あわせて感謝します。

本書の一部は受託研究費「令和3年度第3次安曇野市農業・農村振興計画策定に資する調査・分析・提案業務」

およびＪＳＰＳ科研費20Ｋ１５６１６（「『農村性』はどのようにデザインされるのか？若手農業者による六次産業化の事例から」研究代表小林みずき）の研究成果に基づいています。

参考文献

小田切徳美・筒井一伸編著『田園回帰の過去・現在・未来―移住者と創る新しい農山村―』農山漁村文化協会、２０１６年
榊田みどり『農的暮らしをはじめる本―都市住民のＪＡ活用術―』農山漁村文化協会、２０２２年
塩見直紀『半農半Xという生き方』ソニーマガジンズ、２００３年
図司直也・筒井一伸『就村からなりわい就農へ―田園回帰時代の新規就農アプローチ』筑波書房、２０１９年
ビル・モリソン『パーマカルチャー―農的暮らしの永久デザイン』農山漁村文化協会、１９９３年

〈私の読み方〉「農活」からあぶり出される農村再生の糸口

図司直也（法政大学）

農との距離を縮めたい農村住民の存在

本書の最大のポイントは、「農活」というキーワードで農村の現場の変化をあぶり出した点にあるだろう。著者の小林氏はその意味するところを「生活環境として大きく変容した農村社会において、農を営もうとする人々が家族に頼らず、個人として農や食の技術や知識を習得しようとする取り組み」と示している。

自らも農村に暮らす著者は、今日の農村社会には「環境として田畑に囲まれている分、ぎこちなさや不自由さが際立つ」と実感を述べる。今や農村と言えども農家が減少し、農と接点を持たない住民が増えている。家として農業経営が継承されなかった結果として、畑があっても持て余している人がいる。他方で、親世代が農地を一旦手放してしまうと、農家の子息が広い畑で野菜作りをしたくても農地を借りられず、農家の系譜にありながら主体的に農業に関わる機会を失っている人たちもいる。こうした「農的な暮らしを送りたくても送れない農村居住者」に視線が向けられ、生活の中に農を取り戻そうとする人たちの姿を本書で描き出した。

その具体的な様子は、本書に登場する老若男女の多彩な顔ぶれに既に示されている。農活の場となった「烏川体験農場」や「豊科農産物加工交流センター」は、25～30年前の１９９０年代に設立され、当時は、農村に嫁いできた若妻や女性向けに、農業技術や農産物加工の知識や技術を身につける場として、また、同世代の交流の場としても機能し、長年にわたって活動を支えてきた世代が今日の60代、70代にあたる。その中に、一度他出した人や、地元にいながら農外勤務であった人、もともと非農家の人など、農との関わりが薄れていた人たちが、退職を機に、男性も含めて新たにメンバーに加わっている。

一方、比較的新しい「長谷さんさん農園」には、都市農村交流や移住促進を目的に立ち上がったものの、まもなくコロナ禍に直面したこともあり試行錯誤しながら、農家、非農家の出身を問わず、農業に関心を持つ20代、30代の女性が子どもたちと一緒に作業する姿も見られている。

サードプレイスとしての「農活」の場

ここで注目したいのは、本書で取り上げられている「烏川体験農場」や「豊科農産物加工交流センター」、「長谷さんさん農園」が当初から「農活」目的で設けられた場ではなかった点である。前者の2カ所は、非農家から農村に嫁いできた女性の参画に主眼を置いていたことから、「農活」に近い側面もあっただろう。しかし当時は「農村社会＝農業者コミュニティ」であり、これらの施設も、農村女性の集まる場といっても、嫁ぎ先である農家の補完的な役割が期待され、家族であり、職場でもある農家から距離を保って独立した場にはなり得ていなかっただろう。

それに対して今日の農村は、そこに暮らす一人一人の属性や行動様式が違ってきており、農家世帯であっても農への関心は、世代や個々人で大きく異なっている。その中で、この3カ所は、**図10**が示すように、個人単位で志向される農活のニーズを受け止める場として、うまく機能してきたと言えよう。著者もこれらの場所が「農業組織でありながらも農家と切り離されていることは大きな特徴」であり、「家からも仕事からも切り離されて参加できる、住民たちが心地よく通える居場所になっている」と指摘する。

これは、まさに近年注目されている「サードプレイス」の議論とも重なり合う。サードプレイスとは、アメリカの社会学者レイ・オルデンバーグが、家庭と職場とは別の第三の場の存在を示したもので、イギリスのパブやフランスのカフェなどを例に挙げて、自発的でインフォーマルな居心地のよい場所と表現している。日本でも、地元の居酒屋や喫茶店、地域でのコミュニティ活動が「第三の居場所」として紹介される例も出てきているようだ。しかし、日本の農村で考えてみると、家族農業の場合は家庭と職場が一体で捉えられ、また地域自体も営農との結びつきが比較的強いために、個人で居心地のよく過ごせる「サードプレイス」の場づくりは、農村社会ではまだ萌芽的な段階にあるかもしれない。そうだとすれば、「なぜ、「農活」のニーズを受け止められるサードプレイスが農村社会で生まれたのか」が本書の隠れた論点となりそうだ。

「拠点づくり」の要点から「農活」の場を読み解く

ここで農山村再生に関連する本ブックレットのシリーズとして、2019年に出版された中塚雅也著の『拠点づくりからの農山村再生』からそのヒントを得てみたい。中塚氏は、サードプレイスという表現は直接用いないものの、日本の農村でも「地域の拠点づくり」への関心が高まっている点を指摘している。役場や学校、JAなど主要施設の統廃合に加え、集落の小売店、飲み屋も閉店し、車社会が広がることで、歩いて集まれるたまり場が減少している。また、人びとのライフスタイルが多様化し、農村でも近隣の人と出会う機会が少なくなる一方で、田園回帰の現象を背景に、若い世代には農村に関心を持つ人も出てきて、地域内外の多様な人々が出会って新たな活動が生まれそうな拠点が各地に立ち上がっているという。このような場には共通点があり、中塚氏は、「ハードとしての場」を下地にして、そこに「ソフトとしての場」が上乗せされ、その結果、新しい活動や価値の創発が生まれる、という三層の重なり合いを描き出している。

今回の3ケ所の事例にあてはめてみれば、農場や農産物加工所として整備された「ハードとしての場」がまず用意され、そこで農産物生産や加工に関わる会員やグループでの共同作業が展開し（「ソフトとしての場」）、その場から、自らの畑での野菜づくりや食の充実にも活かしたり、交流やネットワークを広げたりするような「農活」という新たな価値を創発していると整理できそうだ。

まさに、中塚氏の言う「地域づくりの活動を変革し、再生するための拠点づくり」にこれらの場が当てはまるとすれば、今後「農活」の場づくりに求められる要点はどのようなものだろうか。中塚氏は、著書の中で拠点づくりの要点として、①ずらす、②自分たちでつくる、③見た目と居心地が良いこと、そして、④繋ぎ手の存在、の4つを挙げている。

まず①の「ずらす」は、「これまでの拠点と少しだけ違えた場所をつくる」ことを表現している。考えてみれば、農業の知識や技術を学ぶ場は、農業の担い手や新規就農者の確保を目的に、今日でも行政やJAなどを中心に、農業研修事業が各地で展開している。また、6次産業化の育成を視野に、公的な加工施設も整備されている。それらの事業や施設には、公金が投じられ、目的や参加者像、成果には透明性も求められるだろう。それに比べると、今回の3ケ所は、開設当初は行政やJAが主体となりつつも、時代が下ると指定管理制度や事業委託を通じて次第に住民サイドに運営を委ねるようになり、運営方法も工夫しながら柔軟な活動が展開できているように見受けられる。これは②の「自分たちでつくる」につながるところでもあり、事例分析では詳述されていないが、行政やJAといった関係機関の理解も大きいように感じられる。それ故に、「農活」という隠れた参加者のニーズもうまく受け止められているのではないだろうか。

③の「見た目と居心地がよいこと」は、各々の利用者の声が直接物語っている。「見た目」についても、長谷さんさん

農園のクラフト感のある立て看板の設置や道の駅に出荷する農産物直売の包装紙の工夫といったエピソードが象徴的なように、特に若い世代の参加のところで強く意識されている。そこは④「繋ぎ手の存在」とも関連して、長谷さんさん農園では、事務局が産直新聞社という外部主体でありながら、旧長谷村出身で若手の羽場さんがコーディネート役を担うことで、地域内外や世代間をつなぐ丁寧な場づくりが功を奏しつつあるようだ。また、烏川体験農場や豊科農産物加工交流センターも、設立当初から参画されている人たちが核となって、新たなメンバーのすそ野を広げてきたと言えよう。ただ、その世代も70代と齢を重ねてきており、運営中核を担うメンバーの交代は今後の検討課題なのかもしれない。

「農活」の場づくりを農村再生にどう活かすか

本書の中で、著者は「農活」の特徴を、集落よりも広範囲で展開する「かかわりしろ」の多さと捉えて、共同作業を通した新たな仲間との出会いや交流を期待し、農に関する知識や技術の習得にとどまらず、地域特有の知恵、食文化を学ぶことにもつながるものと述べている。農ある暮らしの入口としては、都市住民を想定して市民農園や貸農園が取り上げられることが多いが、それは個人が自由なタイミングで農作業する場であり、その点では本書の想定する「農活」の性格からは距離のあるものと捉えているようだ。

改めて、農村再生の中で、「農活」の場づくりをどう活かせばよいだろうか。先に整理した「農活」の場づくりに求められる4つの要点を顧みれば、公的な機関や事業が表に出て展開するよりも、住民主体、あるいは有志でチームを組むような活動の方が馴染みやすいかもしれない。また、「農活」を主目的に据えるというよりも、中塚氏が言うように、結果として新しい活動や価値を生み出す中に「農活」の要素も含まれる流れの方が無理なく進められるようにも感じる。

そう考えると、各地域で既に進められている地域運営組織をはじめとする農村再生の取り組みの中にも、気づいていないだけで既に「農活」が芽生えているかもしれない。その一例として、福岡県八女市の大淵区（令和3年度過疎地域持続的発展優良事例：全国過疎地域連盟会長賞受賞）では、もともとは小学校建替の準備で生じた空き地に花植えの活動を続けたことがきっかけで、耕作放棄された棚田を彼岸花の群生地として再生する「コメ花プロジェクト」が始まり、今では水路管理作業や田植え体験・稲刈り体験イベント開催、収穫した米の直販まで展開している。このようなプロジェクトも、地域住民が農ある暮らしを取り戻していく、まさに「農活」の実践と捉え直すこともできそうだ。

今日、各地で地域運営組織の設立や検討が進むが、高齢者福祉や特産品開発など、とかく地域課題解決という目的意識が先走りがちで、「農ある暮らしの取り戻し」という地域住民に共通して求められるアプローチを見落としているかもしれない。総務省の行った地域運営組織の調査（令和3年度）でも、主な活動の中で、「体験交流事業」を行っている組織は全体の17・5％、「空き家や里山などの維持・管理」に至っては3・4％に過ぎず、「農活」の動きは多くない。また、令和に入って新規就農者数が伸び悩む傾向にあるが、定年帰農をはじめ自営農業への従事に戻ってくる50歳以上の新規自営農業就農者の数もなかなか増えていない。その背景には、本書で指摘するように、世帯における住民と農との関係が断絶し、農業の知識や技術を十分に習得できないままに定年を迎え、帰農を難しくしている現状も考えられよう。本書があぶり出した「農活」というアクションを通して、改めて「地域社会の結節点としての農」の位置づけが現場レベルで再考され、実践の場が生まれることを大いに期待したい。

■「農山村の持続的発展研究会」について

（一社）日本協同組合連携機構（ＪＣＡ）では、「農山村の新しい形研究会」（２０１３〜２０１５年度）および「都市・農村共生社会創造研究会」（２０１６〜２０１９年度）（いずれも・座長・小田切徳美（明治大学教授））を引き継ぐ形で、「農山村の持続的発展」をテーマに、そのために欠かせない経済（６次産業、交流産業）、社会（地域コミュニティ、福祉等）、環境（循環型社会、景観等）など、多方面からのアプローチによる調査研究を行う「農山村の持続的発展研究会」（２０２０〜２０２２年度）を立ち上げた。メンバーは小田切徳美（座長〈代表〉／明治大学教授）、図司直也（副代表／法政大学教授）、筒井一伸（副代表／鳥取大学教授）、山浦陽一（大分大学准教授）、野田岳仁（法政大学准教授）、東根ちよ（大阪府立大学講師）、小林みずき（信州大学助教）。研究成果は、『ＪＣＡ研究ブックレット』シリーズの出版、ＷＥＢ版『ＪＣＡ研究ＲＥＰＯＲＴ』の発行、シンポジウムの開催等により幅広い層に情報発信を行っている。

【著者略歴】

小林 みずき ［こばやし みずき］

〔略歴〕
信州大学学術研究院農学系助教。1984年、東京都生まれ。明治大学大学院農学研究科博士課程修了。博士（農学）。明治大学農学部助教を経て2019年より現職。
〔主要著書〕
『(年報村落社会研究第57集) 日本農村社会の行方』農山漁村文化協会（2021年）共著、『6次産業化による農山村の地域振興』農林統計出版（2019年）単著、『和菓子企業の原料調達と地域回帰』筑波書房（2019年）共著、『伊那谷の地域農業システム』筑波書房（2015年）共著他。

【監修者略歴】

図司 直也 ［ずし なおや］

〔略歴〕 法政大学現代福祉学部教授。1975年、愛媛県生まれ。
東京大学大学院農学生命科学研究科博士課程単位取得退学。博士（農学）
〔主要著書〕
『新しい地域をつくる』岩波書店（2021年）共著、『プロセス重視の地方創生』筑波書房（2019年）共著、『就村からなりわい就農へ』筑波書房（2019年）単著、『内発的農村発展論』農林統計出版（2018年）共著、『田園回帰の過去・現在・未来』農山漁村文化協会（2016年）共著、『人口減少時代の地域づくり読本』公職研（2015年）共著他。

JCA研究ブックレット No.30

農村における農的な暮らし再出発

「農活」集団の形成とその役割

2022年9月23日　第1版第1刷発行

著　者 ◆ 小林 みずき
監修者 ◆ 図司 直也
発行人 ◆ 鶴見 治彦
発行所 ◆ 筑波書房
東京都新宿区神楽坂2-16-5　〒162-0825
☎ 03-3267-8599
郵便振替 00150-3-39715
http://www.tsukuba-shobo.co.jp

定価は表紙に表示してあります。
印刷・製本＝平河工業社
ISBN978-4-8119-0634-8 C0061

「JCA研究ブックレット（旧・JC総研ブックレット）」刊行のことば

筑波書房は、人類が遺した文化を、出版という活動を通して後世に伝え、人類がそれを享受することを願って活動しております。1979年4月の創立以来、このような信条のもとに食料、環境、生活など農業にかかわる書籍の出版に心がけて参りました。

グローバル化する現代社会は、強者と弱者の格差がいっそう拡大し、不平等をさらに広めています。食料、農業、そして地域の問題も容易に解決できないことが山積みです。そうした意味から弊社は、従来の農業書を中心としながらも、さらに生活文化の発展に欠かせない諸問題をブックレットというかたちで、わかりやすく、読者が手にとりやすい価格で刊行することと致しました。

2018年4月に（一社）JC総研は、（一社）日本協同組合連携機構（JCA）へ組織再編したため、ブックレットシリーズ名も「JCA研究ブックレット」と名称変更し引き続き刊行するものです。

課題解決をめざし、本シリーズが永きにわたり続くよう、読者、筆者、関係者のご理解とご支援を心からお願い申し上げます。

2018年12月

筑波書房

日本協同組合連携機構（JCA）

一般社団法人日本協同組合連携機構（Japan Co-operative Alliance）は、2018年4月1日、日本の協同組合組織が集う「日本協同組合連絡協議会（JJC）」が一般社団法人JC総研を核として再編し誕生した組織。JA団体の他、漁協・森林組合・生協など協同組合が主要な構成員。

（URL：https://www.japan.coop）